全国职业技术院校计算机信息类专业教材

计算机系统故障诊断与维修

人力资源和社会保障部教材办公室组织编写

中国劳动社会保障出版社

简介

本书是全国职业技术院校计算机信息类专业教材，主要内容包括：开机启动故障、系统运行故障、外部设备故障、其他常见故障及系统维护。

本书由柳丽彩主编，耿立波、刘翠改副主编，庞书华、李环、赵玉英、张建敏、高丽娟、潘斌、张丽、郭晓晴参加编写。

图书在版编目(CIP)数据

计算机系统故障诊断与维修/人力资源和社会保障部教材办公室组织编写. —北京：中国劳动社会保障出版社，2016

全国职业技术院校计算机信息类专业教材

ISBN 978-7-5167-2537-5

Ⅰ.①计… Ⅱ.①人… Ⅲ.①计算机系统-故障诊断-高等职业教育-教材②计算机维护-高等职业教育-教材 Ⅳ.①TP307

中国版本图书馆 CIP 数据核字(2016)第 146915 号

中国劳动社会保障出版社出版发行

(北京市惠新东街 1 号　邮政编码：100029)

*

三河市华骏印务包装有限公司印刷装订　新华书店经销

787 毫米×1092 毫米　16 开本　10.25 印张　243 千字

2016 年 6 月第 1 版　2023 年 12 月第 12 次印刷

定价：19.00 元

营销中心电话：400－606－6496

出版社网址：http: // www.class.com.cn

http: // jg.class.com.cn

前　言

为了更好地满足全国职业技术院校计算机信息类专业的教学要求，全面提升教学质量，人力资源和社会保障部教材办公室组织全国有关学校的一线教师和行业、企业专家，充分调研企业用人需求和学校教学情况，吸收借鉴各地职业技术院校教学改革的成功经验，在2013年出版的计算机信息类专业基础课教材基础之上，开发了本套计算机信息类专业教材。

本次开发的专业教材主要包括《Access 2003数据库应用》《C语言（第二版）》《Visual Basic程序设计（第二版）》《小型局域网组建与管理》《IT产品营销》《网络综合布线》《Windows Server 2003服务器配置与管理》《Linux网络操作系统应用》《网络设备互联》《网络安全》《网页制作高级特效》《计算机系统故障诊断与维修》《常用办公自动化设备使用与维护》《CorelDRAW平面设计与制作》《Illustrator平面设计与制作》《3ds Max三维动画制作》，可用于计算机网络应用、计算机应用与维修以及计算机广告制作等专业的教学，下一步还将根据教学需求继续开发其他计算机信息类专业教材。

本套计算机信息类专业教材开发工作的重点主要体现在以下几个方面：

第一，坚持以能力为本位，突出职业教育特色。

根据计算机信息类专业毕业生所从事岗位的实际需要，合理确定相关技能人才应具备的能力结构与知识结构，在教学内容的深度和难度上做了科学界定。同时，在教材编写中进一步加强实践应用环节，突出职业教育特色，并力求使教材内容涵盖有关国家职业标准和国家计算机等级考试的知识和技能要求。

第二，遵循专业教学规律，合理构建教材体系。

根据计算机信息类专业的教学规律，按照当前职业院校的专业设置情况和发展趋势，合理构建通用的专业基础课教材和各专业方向的专业课教材体系，并做到有机衔接。通过由基础到专业、由通用到专门的教学内容安排，使学生掌握扎实的计算机基础应用能力，并进一步深入学习各专业课程的知识与技能，满足就业实际需要，提高岗位适应能力。

第三，兼顾技术发展与教学条件，突出计算机综合应用能力培养。

针对计算机软、硬件更新迅速的特点，在教学内容选取上，既注重体现新软件、新知识，又兼顾职业技术院校教学实际条件。在教学内容组织上，不局限于软件版本和软件功能的介绍，而更注重相关计算机综合应用能力的培养，为后续专业课程的学习打下良好的基础。

第四，创新教材编写模式，丰富教材表现形式。

根据职业院校学生认知规律，创新教材编写模式。以完成具体工作过程为主线组织教材内容，将理论知识的讲解与具体的任务载体有机结合，激发学生学习兴趣，提高学生实践能力。在表现形式上，通过丰富的操作图片和软件截图详尽地指导任务操作步骤和软件使用方法，使教材内容更加直观、形象。

第五，开发更多辅助产品，提供优质教学服务。

为方便教学，教材中涉及的素材文件均可通过职业教育教学资源和数字学习中心网站（http://zyjy.class.com.cn）免费下载，进入主页后搜索相应教材并进入图书详细页面即可找到下载链接。

本次教材的开发工作得到了北京、河北、山东、辽宁、黑龙江、江苏、河南、广东、云南等省、市人力资源和社会保障厅（局）及有关学校的大力支持，在此我们表示诚挚的谢意。

人力资源和社会保障部教材办公室

2015 年 8 月

目　　录

项目一　开机启动故障

计算机开机启动阶段是计算机相对比较“脆弱”的阶段，相当一部分的计算机故障都发生在此期间。本项目通过黑屏故障、自检报错故障和蓝屏故障三个学习任务来学习开机启动故障的诊断和排除，通过本项目相关知识的学习和基本技能的训练，为计算机系统故障诊断与维修打下良好的基础。

任务1　黑屏故障

学习目标

1. 了解计算机启动过程。
2. 掌握黑屏故障的原因和一般解决方法。
3. 能排除常见的黑屏故障。

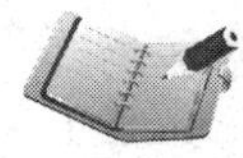

任务描述

黑屏故障是指在计算机启动过程中显示器屏幕无任何显示的一种故障，又称开机黑屏。引起黑屏故障的原因多种多样，有的比较简单，有的需要进行多种故障原因排除。本任务通过分析计算机的启动过程找出黑屏故障的原因和相应的处理方法。

相关知识

一、计算机启动过程

计算机的启动过程是指从给计算机加电到装载操作系统的过程，整个过程分为四个阶段。

1. 系统 BIOS 启动

（1）加电：按下电源开关，电源开始向主板和内部风扇等设备供电。

（2）启动引导程序：CPU 执行 ROM BIOS 中的一条跳转指令，系统 BIOS 启动。

（3）开机自检：主要是检测关键设备（如电源、CPU 芯片、BIOS 芯片、基本内存等）是否存在，以及供电情况是否良好。

（4）检测显卡：调用显卡 BIOS 的初始化代码，显卡 BIOS 会在屏幕上显示显卡的相关信息。

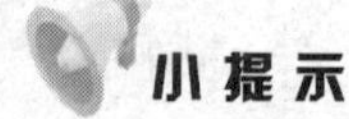

小提示

上述任何一个环节出现问题，都会出现开机黑屏现象。

(5) 检测标准硬件和即插即用设备：先检测标准硬件，然后检测即插即用设备，并为设备分配中断、DMA 通道和 I/O 端口等资源。

(6) 按指定的"启动顺序"进行启动。

小提示

1. BIOS

BIOS 全称基本输入输出系统（Basic Input/Output System），主要存放自诊断程序（通过读取 CMOS RAM 中的内容识别硬件配置，并对其进行自检和初始化）、CMOS 设置程序（引导过程中，通过特殊热键启动，进行设置后，存入 CMOS RAM 中）、系统自动装载程序（在系统自检成功后，将磁盘相对 0 道 0 扇区上的引导程序装入内存使其运行）和主要 I/O 驱动程序和中断服务（BIOS 和硬件直接打交道，需要加载 I/O 驱动程序）。如果硬件出现问题，主板会发出不同含义的蜂鸣声，启动中止。否则，屏幕显示 CPU、内存、硬盘等信息。

2. 启动顺序

硬件自检完成后，BIOS 把控制权转交给下一阶段的启动程序。这时，BIOS 需要知道"下一阶段的启动程序"具体存放在哪一个外部存储设备中，即 BIOS 需要有一个外部存储设备的排序，排在前面的设备就是优先转交控制权的设备。这种排序称为"启动顺序"(Boot Sequence)。打开 BIOS 设置程序，可通过"设定启动顺序"选项进行设定，如图 1—1—1 所示。

```
PhoenixBIOS Setup Utility
Main   Advanced   Security   Boot   Exit

  +Hard Drive                              Item Specific Help
  +Removable Devices
   CD-ROM Drive                            Keys used to view or
   Network boot from AMD Am79C970A         configure devices:
                                           <Enter> expands or
                                           collapses devices with
                                           a + or -
                                           <Ctrl+Enter> expands
                                           all
                                           <+> and <-> moves the
                                           device up or down.
                                           <n> May move removable
                                           device between Hard
                                           Disk or Removable Disk
                                           <d> Remove a device
                                           that is not installed.

F1   Help   ↑↓  Select Item   -/+    Change Values          F9   Setup Defaults
Esc  Exit   ↔   Select Menu   Enter  Select ▸ Sub-Menu      F10  Save and Exit
```

图 1—1—1　设定启动顺序

2. 主引导记录启动

BIOS 按照“启动顺序”把控制权转交给排在第一位的储存设备。即根据用户指定的引导顺序从光盘、硬盘或可移动设备中读取启动设备的 MBR（主引导记录），并放入指定内存中。

3. 硬盘启动

计算机的控制权转交给硬盘的某个分区。

4. 操作系统启动

计算机的控制权转交给操作系统。

二、黑屏故障原因

从计算机开机启动过程来看，造成黑屏故障的原因有以下几方面。

1. 主机电源损坏或主机电源与主板接触不良。
2. 机箱电源开关按键问题或连接线问题。
3. 显示器自身故障或信号线接触不良。
4. 内存、显卡与主板不兼容，或接触不良、损坏。
5. 中央处理器 CPU 未安装好或损坏。
6. 主板质量差或损坏。
7. 灰尘。

检修方法

一、黑屏故障的维修方法

黑屏故障的维修方法遵循“先简单后复杂”“先外后内”“先电源后负载”原则，因为一般情况下，黑屏故障时显示器屏幕没有任何提示信息，甚至也没有任何报警提示声音，这给故障的排除带来了不便。通过以往经验可知，造成黑屏的原因不外乎“主机有无加电”和“加电后有无报警声”两大类，可细分为以下几种情况。

1. 计算机开机黑屏，表现为电源风扇和 CPU 风扇不动，主机上的指示灯不亮，计算机无任何反应。

故障分析：通常是主机电源线没连接好或电源存在问题。

故障排除：首先检查电源插座是否通电，各种电源连接线连接是否正常，如确认无误，需要更换主机电源后重新尝试。

2. 计算机开机黑屏，表现为电源风扇转动正常，CPU 风扇不动，没有任何报警声音。

故障分析：主机电源本身没问题，通常是主板、CPU 存在问题。

故障排除：首先清理主板上的灰尘，检查电源与主板的电源连接插口是否插紧，如已经插紧，则可能是主板严重损坏或者是电源与主板的连接头损坏，需要更换主机电源以排除电源连接头问题；其次检查主板本身是否异常，例如主板上有无烧毁的芯片，主板上的 Reset 线以及其他开关、指示灯线是否存在问题等，有条件的话可以更换主板。

3. 计算机开机黑屏，表现为电源风扇和 CPU 风扇都正常转动，无报警声音。

故障分析：可能原因有显示器问题、显示器与计算机连接问题、显卡问题、显卡与主板的插口问题、键盘鼠标与主板连接问题等。

故障排除：首先排除显示器问题、显示器与计算机的连接问题、显卡问题或显卡与主板的插口问题（指独立显卡）。如果故障依旧存在，可用最小系统法继续排除故障。

小提示

最小系统法就是去掉计算机系统中的其他硬件设备，只保留主板、内存、显卡三个最基本的部件，然后开机观察是否还有故障。如故障依然存在，则可排除其他硬件的问题，故障来自现有的三个硬件中；如故障消除，就将其他硬件一一添加查看，发现故障，针对故障硬件进行处理即可。

4. 计算机开机黑屏，主机指示灯呈橘红或闪烁状态。

故障分析：计算机自检过程中，可能是显卡没有通过自检，无法完成基本硬件的检测。

故障排除：首先检查显卡金手指是否被氧化，或者显卡接口中是否有大量灰尘导致短路，若发现问题可用橡皮轻擦金手指，并清理显卡接口中的灰尘。如果故障依旧存在，可使用替换法排除显卡损坏的问题，如果显卡损坏，则需更换显卡。

5. 计算机开机黑屏，同时有报警声。

故障分析：内存、显卡、CPU、主板、电源等硬件之间接触不良或硬件发生故障。

故障排除：按 BIOS 自检报警铃声类别判断解决。具体 BIOS 的报警声对照见表 1—1—1 和表 1—1—2。

表 1—1—1　　AMI BIOS 报警声

AMI BIOS		
报警铃声	声响含义	操作建议
1 短	内存刷新失败	更换内存条
2 短	内存 ECC 校验错误	关闭内存的 ECC 校验选项
3 短	系统基本内存自检失败	更换内存条
4 短	系统时钟出错	检查或更换主板
5 短	CPU 错误	检查或更换 CPU
6 短	键盘未插或键盘控制器错误	插上键盘、更换键盘或检查主板
7 短	系统实模式错误	检查或更换主板
8 短	显示内存错误	更换显卡
9 短	ROM BIOS 检验错误	更换 BIOS 芯片或主板
1 长 3 短	内存校验错误	更换内存
1 长 8 短	显示系统检查错误	检查显示器数据线或显卡是否插好

表 1—1—2　　AWARD BIOS 报警声

AWARD BIOS		
报警铃声	声响含义	操作建议
1 短	系统正常启动	无
2 短	常规错误	进入 BIOS 参数设置中进行重新设置

续表

报警铃声	声响含义	操作建议
1长1短	内存条或主板出错	重新插拔内存条，否则更换内存条或主板
1长2短	显示器或显卡错误	使用替换法检查显卡或显示器
1长3短	键盘控制器错误	检查主板
1长9短	主板 BIOS 损坏	更换 BIOS 或主板
不断地长响	内存条未插紧或损坏	重新插拔内存条，否则更换内存条
重复短响	主机电源损坏	更换主机电源
不断地短响	电源、显示器或显卡未连接	重新插拔所有插头

二、黑屏故障排除流程

黑屏故障可按以下流程进行故障定位，如图 1—1—2 所示。

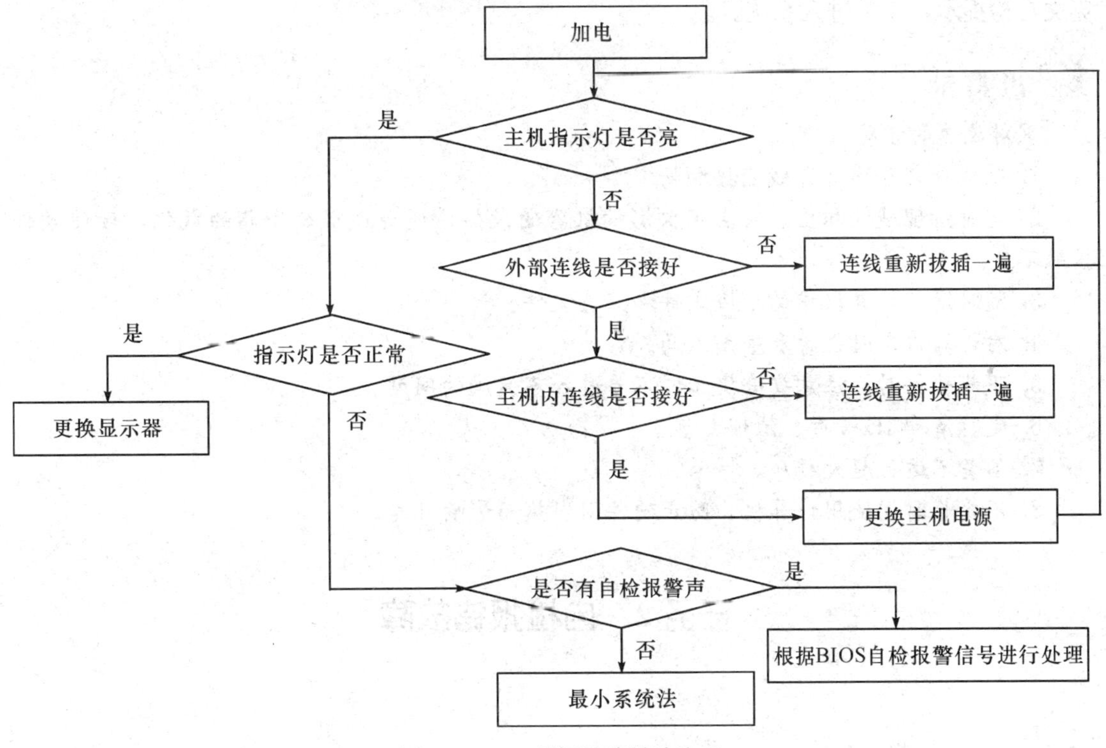

图 1—1—2　黑屏故障排除流程

检修案例

【案例 1】

故障现象：计算机无法启动，开机无任何显示；CPU 风扇转动，可听到硬盘转动的声音，没有任何报警声。

故障分析：初步判断为显卡和内存的原因，但经过反复插拔显卡和内存条，故障依旧。

将内存条、显卡和硬盘分别接到其他机器上，均可正常启动；仔细观察主板，没有发现有爆浆迹象的电容，用手触摸主板的集成芯片也不太烫手。从客户处了解到前些天开机后，发现系统时间恢复到出厂时的设置，怀疑 CMOS 电池缺电。

故障处理：更换主板上的 CMOS 电池，加电开机，机器正常启动，故障排除。

【案例 2】

故障现象：一直运行很稳定的计算机，突然出现开机后显示器没有任何显示的黑屏故障。

故障分析：从故障现象了解，显示器指示灯正常闪动且有光栅出现，可以判断显示器没问题。主机开启后 CPU 风扇转动正常、硬盘指示灯正常，从而将主机电源故障排除。从开机后没有任何提示声音来看，显卡和内存不存在问题（因为这两个部件有问题，机器会发出长短不一的鸣笛声）。最后确定引起故障的可能是主板。

故障处理：打开主机箱，看到内存条与内存插槽的连接部分有厚厚的灰尘覆盖，卸下内存条，使用电吹风机和毛刷进行清理。插好内存条，开机后听到“嘀”的一声，屏幕出现了英文自检提示，正常进入系统。

小提示

黑屏故障的预防：

1. 确保外部和内部连线连接顺畅。

2. 定时清理硬件积尘。灰尘不仅影响机器的散热，还会造成金手指的氧化，致使硬件接触不良。

3. 随时清理计算机中的垃圾文件和病毒文件。

4. 对计算机定时杀毒和查杀木马。

5. 下载软件时，注意安全提示，不要进入不健康的网站。

6. 定时清理 IE 缓存、清理 C 盘。

7. 尽量不运行超大程序。

8. 不要长时间使用计算机，防止硬件因发热而影响性能。

任务 2　自检报错故障

学习目标

1. 了解操作系统的启动过程。
2. 掌握自检报错提示信息的含义。
3. 能根据自检报错代码提示信息，正确排除常见自检报错故障。

任务描述

自检报错故障是指在计算机开机启动过程中，停止启动并在显示屏幕上显示出错信息的一种故障。开机报错故障可由很多原因引起，既有软件原因，也有硬件原因。本任务通过屏幕给出的出错信息找出故障的原因并进行排除。

相关知识

操作系统的启动过程是从计算机通电自检完成之后开始进行，具体分为四个阶段。

一、引导阶段

计算机硬盘的主引导记录（MBR）读取引导扇区，即活动分区的第一扇区（此扇区包含用来启动系统的引导加载程序）。引导加载程序是操作系统引导启动所必须的，如果缺失或是损坏，系统将无法启动。

二、启动菜单生成阶段

主引导记录（MBR）中的引导加载程序提供开机菜单，其中存放着安装在计算机上的所有操作系统的配置信息。如果计算机装有多个版本的操作系统，会根据引导记录生成启动菜单供用户选择，如图 1—2—1 所示。如果只有一个操作系统，计算机不显示此屏幕而直接使用默认的配置信息加载操作系统。

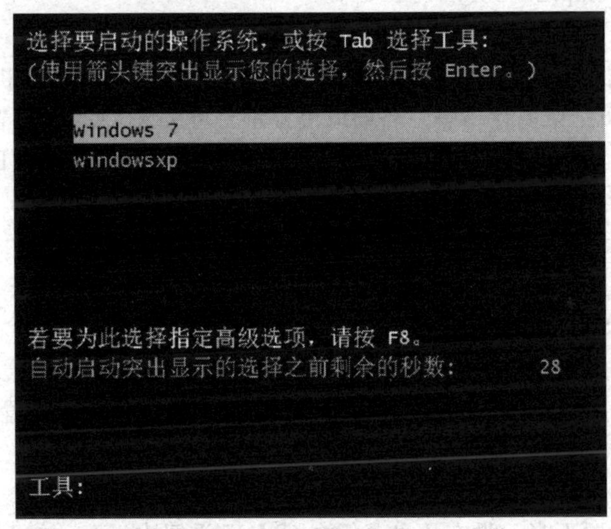

图 1—2—1　启动菜单

三、内核加载阶段

操作系统根据用户的选择和引导加载程序中记录的分区，到分区表寻找对应的分区柱面号等分区信息，启动内核或者分区加载程序。此时，彩色的 Windows 系统 Logo 以及进度条显示在屏幕中央。

四、登录阶段

计算机屏幕上显示 Windows 系统的登录界面，提示输入有效的密码。此时，系统的启动还没有彻底完成，后台仍然在加载一些非关键的设备驱动，只有用户成功登录到计算机之后，Windows 操作系统的启动才算完成。

检修方法

一、自检报错故障的一般维修方法

一个完整的操作系统启动过程需要系统 BIOS 与操作系统的紧密配合，任何一个环节出错，都将导致系统启动失败。计算机在启动自检时检测到硬件设备不能正常工作，会在显示屏幕上出现相应的英文提示短句。维修此类故障时，可根据出错信息进行分类处理。下面是一些常见的 BIOS 自检提示短句、中文解释及解决方法。

1. CMOS battery failed 或 CMOS battery is no longer functional.

中文：CMOS 电池失效。

解释：CMOS 电池没电或电池接触不良。

2. Keyboard is locked out - Unlock the key.

中文：键盘被锁住。

解释：启动时可能有一个或多个按键被压住、键盘没插好或者键盘损坏。

3. Press ESC to skip memory test.

中文：正在进行内存检查，可按【Esc】键跳过。

解释：CMOS 内没有设定跳过存储器的第二、三、四次测试，开机就会执行四次内存测试，按【Esc】键可结束内存检查。若要取消提示，可进入 CMOS 设置选择“BIOS FEATURS SETUP”项，将其中的“Quick Power On Self Test”项设为“Enabled”。

4. Keyboard error or no keyboard present.

中文：键盘错误或者未接键盘。

解释：检查键盘的连线是否松动或者损坏。

5. Hard disk install failure.

中文：硬盘安装失败。

解释：硬盘的电源线或数据线未接好或者 CMOS 中未进行正确设置。

6. Secondary slave hard fail.

中文：检测从盘失败。

解释：CMOS 设置不当。没有从盘，但在 CMOS 设置中设为“有”从盘。

7. Floppy Disk (s) fail 或 Floppy Disk (s) fail (40).

中文：无法驱动软盘驱动器。

解释：系统提示找不到软驱。目前软驱已经淘汰，但 BIOS 中还保留着此项设置，在 BIOS 中将此项设置成无即可。

8. Hard disk (s) diagnosis fail.

中文：执行硬盘诊断时发生错误。

解释：硬盘出现故障。

9. Memory test fail.

中文：内存检测失败。

解释：内存条未插好或与主板不兼容。

10. Override enable—Defaults loaded.

中文：当前 CMOS 的设定无法启动系统，载入 BIOS 中的预设值。

解释：CMOS 内的设定出现错误，只需进入 CMOS 重新选择“LOAD SETUP DEFAULTS”项进行设置，载入系统原有的设定值，重新启动系统即可。

11. Press F1 to Continue or Press DEL to Enter Setup.

中文：按【F1】键继续或按【Delete】键进入 CMOS 设置。

解释：BIOS 设置错误或 CMOS 电池没电。

12. BIOS ROM checksum error—System halted.

中文：BIOS 信息进行整体检查时发现错误，系统中断。

解释：主板的 BIOS 被病毒感染或 BIOS 芯片损坏。

13. HDD Controller Failure.

中文：硬盘控制器失败。

解释：硬盘的信号线接触不良或接线出错，或者硬盘的盘片有严重损伤。

14. Invalid partition table.

中文：无效的分区表。

解释：可能是分区表被病毒破坏，此时可试着用 FDISK/MBR 进行修复。也可进行重新分区，但分区的大小必须和原来的大小一样大，否则硬盘的文件将全部丢失。

15. Cache Memory Bad，Do not enable Cache!

中文：BIOS 发现主板上的高速缓冲内存已损坏。

解决方法：更换主板。

16. Disk Boot Failure，Insert system disk and press enter.

中文：磁盘引导失败，插入系统磁盘并按【Enter】键。

解释：硬盘与主板的连接问题使磁盘引导失败。

解决方法：打开机箱，重新连接硬盘数据线和电源头，确认接触正常。若还是检测不到，需要将硬盘拆下来，更换硬盘重新试一下。如果还不能正常启动，可能是主板的问题。

17. No System Disk or Disk Error.

中文：没有系统磁盘或磁盘错误。

解决方法：首先检查计算机上是否插着 U 盘、光驱中是否有光盘。如果有，将它们取出。若以上检查没问题，可能是系统文件损坏，此时应使用启动盘启动，执行“sys a：c：”命令将系统引导文件传入 C 盘，或者重新安装操作系统。如果故障依然存在，可能是硬盘上有坏磁道，或者硬盘本身有问题。

18. hal. dll 文件丢失。

解释：硬件提取层模块文件丢失。

解决方法：在正常启动的计算机中打开 C：\Windows\system32，将“hal. dll”复制到相同路径下并替换，然后重新启动计算机尝试解决，如图 1—2—2 所示。

19. 开机提示 System 文件丢失，如图 1—2—3 所示。

解决方法：清理灰尘并把内存条、显卡以及其他板卡重新插拔。如果故障依旧，从正常计算机上复制，或下载一个 system 文件，用 U 盘 Windows PE 系统（常简称为 WinPE 系

system32
文件(F) 编辑(E) 查看(V) 收藏(A) 工具(T) 帮助(H)
后退 搜索 文件夹
地址(D) C:\WINDOWS\system32
转到
系统任务
隐藏此文件夹的内容
添加/删除程序
搜索文件或文件夹
文件和文件夹任务
其它位置
WINDOWS
我的文档
共享文档
我的电脑
网上邻居
详细信息
名称 大小 类型

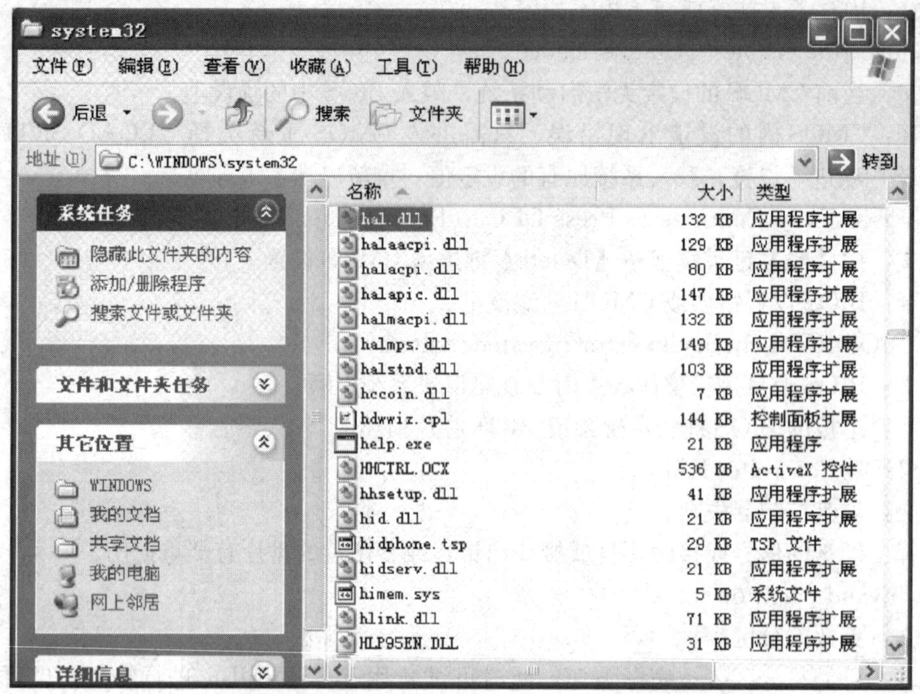

图 1—2—2　复制“hal. dll”文件

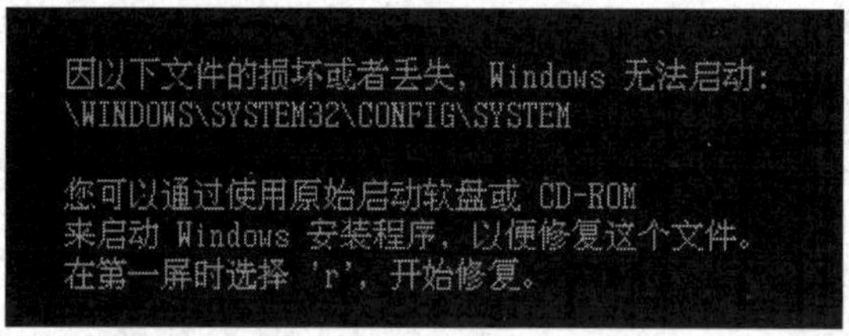

因以下文件的损坏或者丢失，Windows 无法启动:
\WINDOWS\SYSTEM32\CONFIG\SYSTEM
您可以通过使用原始启动软盘或 CD-ROM
来启动 Windows 安装程序，以便修复这个文件。
在第一屏时选择 'r'，开始修复。

图 1—2—3　System 文件丢失

统）启动，复制 system 文件到系统盘的 config 文件夹下，如图 1—2—4 所示。

20. Disk I/O Error，Replace disk and press Enter.

中文：硬盘输入输出错误。

解决方法：使用“硬盘坏道检测”软件检测硬盘有无逻辑坏磁道，或查看分区表有无被破坏，然后用“硬盘分区”软件重新进行硬盘分区，重新安装操作系统。如果故障依然存在，说明硬盘有物理坏道，此时可对硬盘进行低级格式化处理。若故障依然无法解决，则需要更换硬盘。

二、自检报错故障排除流程

自检报错故障可按以下流程进行故障定位，如图 1—2—5 所示。

图 1—2—4　复制 system 文件

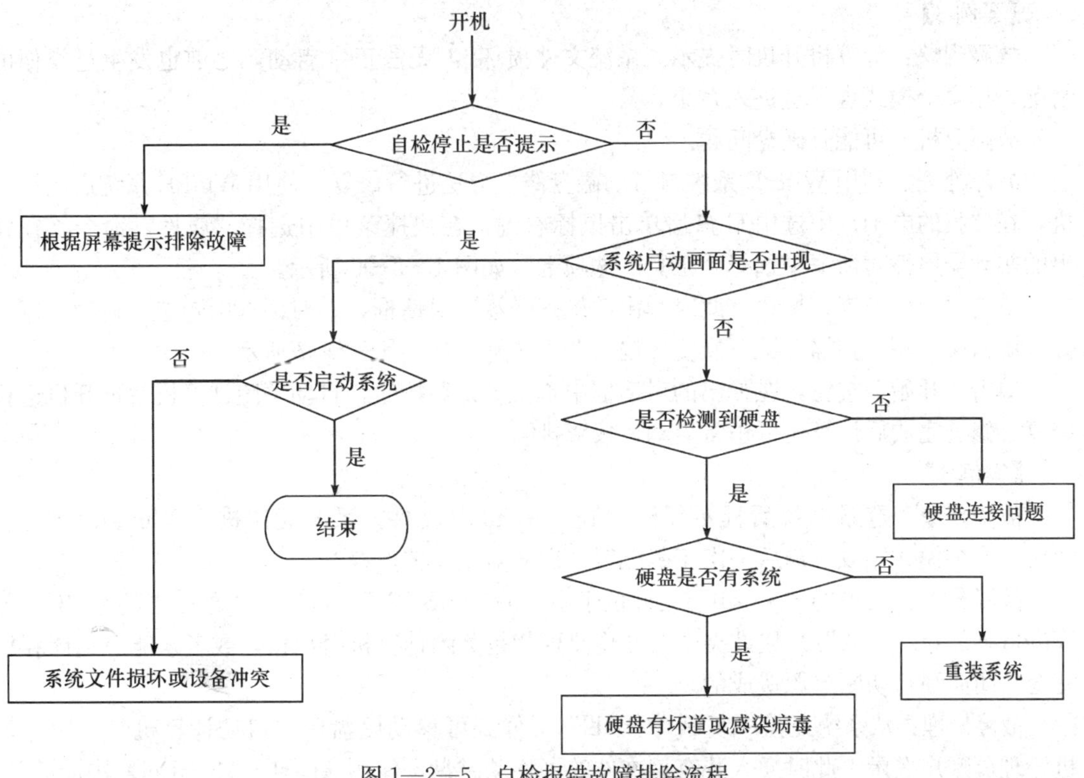

图 1—2—5　自检报错故障排除流程

检修案例

【案例 1】

故障现象：计算机不能正常启动，开机后发出 1 长 3 短的报警声，显示器上出现“Keyboard Error or No Keyboard Present”错误提示信息。

故障分析：此提示为键盘错误。

故障处理：检查键盘是否插好，发现松动重新插紧，故障排除。

【案例 2】

故障现象：一台旧计算机，开机无法从硬盘启动，提示信息为：Disk boot failure，Insert system disk and press any key.

故障分析：此提示为引导盘错误。与用户沟通，发现在将 DVD 光驱升级为 DVD 刻录机后出现了此故障。

故障处理：关闭电源。打开机箱，发现硬盘 IDE 数据线和电源线连接正常，但是 DVD 刻录机和硬盘共用一根 IDE 数据线，怀疑 DVD 刻录机和硬盘的跳线设置有冲突，拆下硬盘和刻录机，发现将两者同时设为主盘。将刻录机设置为从盘，故障消失。

小提示

注意：计算机硬件升级后出现的故障，一般与升级的部件有关，应重点检查升级部件。

【案例 3】

故障现象：计算机开机时提示“系统文件损坏”，无法正常启动，之前也发生过类似的情况，用安全模式也无法进入系统。

故障分析：可能是硬盘问题。

故障处理：利用 WinPE 系统自带的磁盘修复方法进行修复。使用 WinPE 系统启动计算机，在“我的电脑”中选中 C 盘后单击鼠标右键，在快捷菜单中选择“属性”命令，在弹出的驱动器属性对话框中选择“工具”选项卡，如图 1—2—6 所示。

单击“开始检查”按钮，此时弹出“检查磁盘”对话框，在对话框中勾选“自动修复文件系统错误”和“扫描并试图恢复坏扇区”复选框，如图 1—2—7 所示。

单击“开始”按钮，在弹出的对话框中单击“是”按钮，自动关闭计算机后再开机进行修复。修复完成后计算机可正常启动，故障排除。

【案例 4】

故障现象：登录系统后提示无法找到“*.dll”文件，系统无法进入 Windows 桌面。使用“安全模式”或“最后一次正确配置”后故障现象依然存在。

故障分析：丢失的“*.dll”文件位于系统的“%SYSTEM32%”（通常位置为“C：\Windows\system32”）文件夹中，此现象可能是关闭计算机时出错，或者未能等到计算机完全关闭而强行切断电源造成的。

故障处理：从系统光盘中复制“*.dll”文件到可移动磁盘中，启动计算机时，用计算机管理员账户登录。此时插入装有该文件的可移动磁盘，使用【Ctrl+Alt+Del】快捷键调

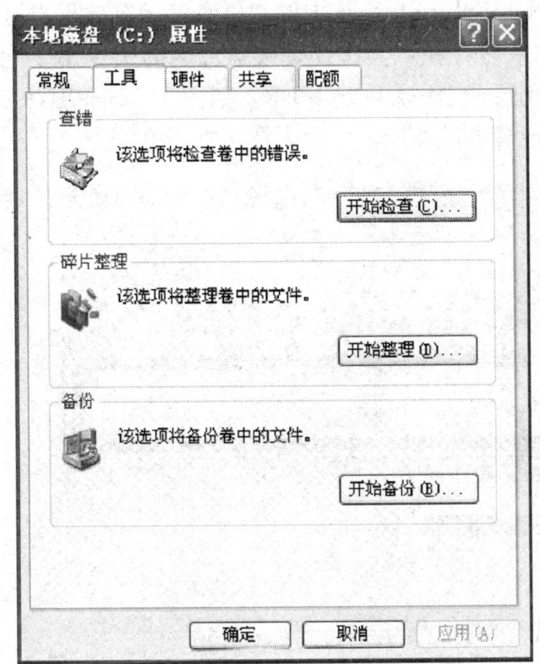

图 1—2—6　C 盘属性的“工具”选项卡

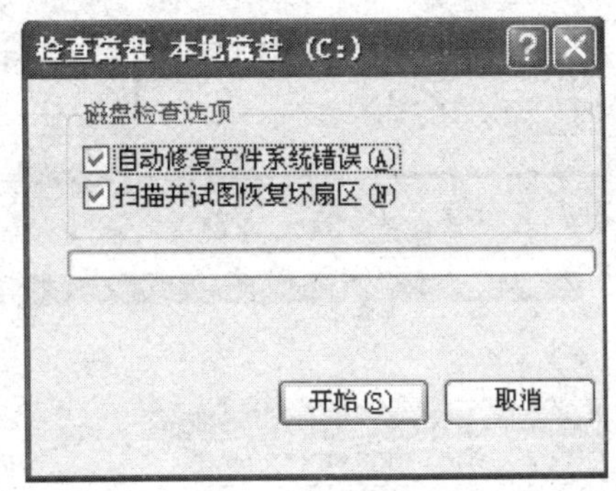

图 1—2—7　“检查磁盘”对话框

出“任务管理器”对话框，在“任务管理器”对话框中执行“文件”→“新建任务”命令，在弹出的“创建新任务”对话框中输入“cmd”命令，单击“确定”按钮，如图 1—2—8 所示。打开命令提示符窗口，利用“copy”命令将文件复制到“%SYSTEM32%”文件夹中。继续在“创建新任务”对话框中运行“regsvr32 *.dll”命令，进行组件注册。提示组件注册成功后，重新启动时正常进入桌面，故障排除。

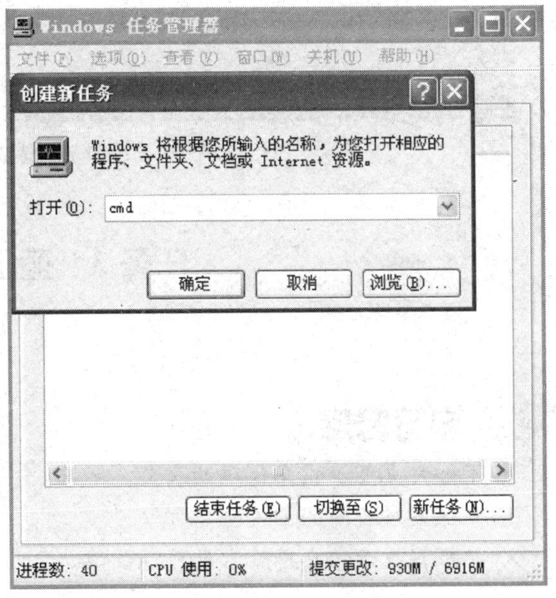

图 1—2—8　“创建新任务”对话框

【案例 5】

故障现象：计算机开机后在看到系统速度条时卡死，光标停留并闪烁，无任何提示，有时会出现按【Ctrl＋Alt＋Del】快捷等提示信息。

故障分析：按照如图 1—2—5 所示的自检报错故障排除流程，怀疑是由“系统引导文件损坏或设备冲突”引起。使用 U 盘 Windows PE 启动盘引导系统，速度条仍然闪烁不前进。在 BIOS 设置中将光驱设置为第一位启动设备，用系统光盘重新启动计算机，出现 Boot CD—ROM 后故障依然存在。打开机箱，清理灰尘后依然不能排除故障。将硬盘与另一台计算机的硬盘对换，可以正常启动系统，说明硬盘存在故障。

故障处理：首先考虑硬盘的软故障，使用U盘WinPE系统中的“磁盘管理”软件打开硬盘，对C盘进行格式化，安装系统后，故障依然存在。其次怀疑硬盘分区的引导出了问题。使用U盘WinPE系统自带的PTDD磁盘分区表医生重建MBR，如图1—2—9所示。完成后重新启动计算机，可以正常启动系统，故障排除。

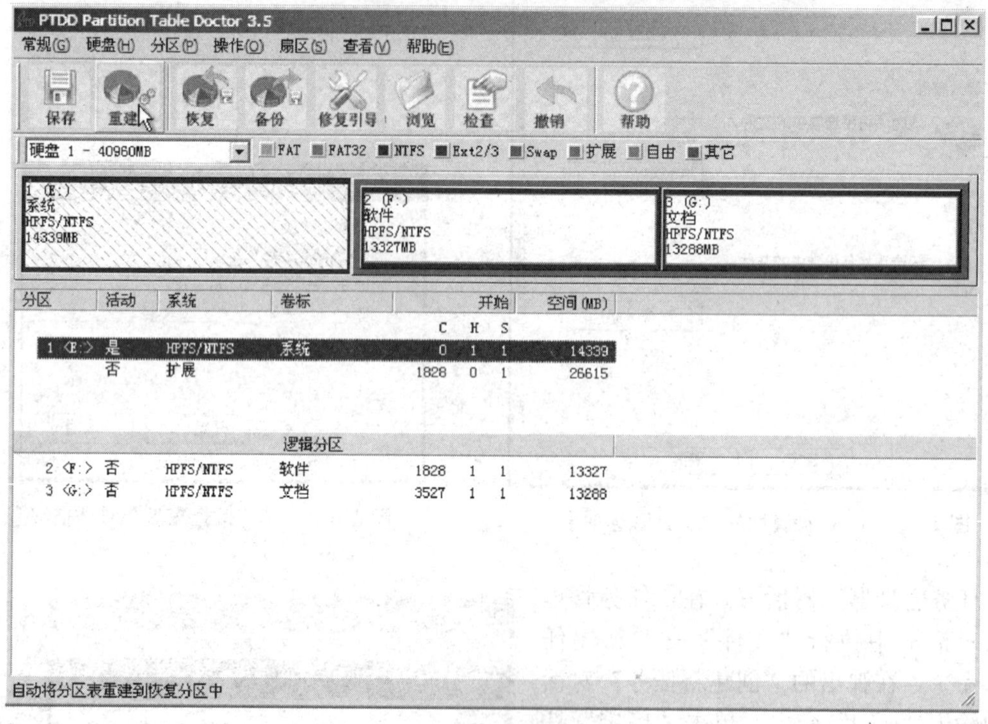

图1—2—9　PTDD分区表医生中的“重建”功能

任务3　蓝屏故障

学习目标

1. 了解常见蓝屏信息代码的含义。
2. 掌握蓝屏故障的常规检查方法。
3. 能根据提示信息排除常见蓝屏故障。

任务描述

蓝屏故障是指在启动计算机时在显示器屏幕上出现“蓝色屏幕白色代码”界面的一种故障现象。本任务通过屏幕上的蓝屏代码找出故障产生的原因及相应的处理方法。

相关知识

一、蓝屏原因

造成蓝屏的原因有很多，主要原因有以下几方面。

1. 灰尘过多，CPU 或显示器散热不畅。
2. 接触不良，计算机内部器件松动。
3. 软件冲突。
4. 内存不兼容、接触不良或者老化。
5. 劣质硬件。
6. 硬件的驱动程序不匹配或者损坏。
7. 系统被病毒、木马或恶意软件破坏，导致硬件配置文件被篡改。
8. 硬盘逻辑坏道或物理坏道。

产生计算机蓝屏的原因较复杂，既有软件系统引起的蓝屏，又有硬件系统引起的蓝屏。其中，内存问题、驱动软件冲突、计算机病毒是引起开机蓝屏的主要原因。对于蓝屏故障，一般情况下，计算机会显示一串蓝屏代码供维修人员查阅，帮助维修人员清除蓝屏故障。

二、蓝屏代码

启动计算机后，显示屏幕上出现蓝屏代码，如图 1—3—1 所示。

```
A problem has been detected and Windows has been shut down to prevent damage
to your computer.

PFN_LIST_CORRUPT

If this is the first time you've seen this Stop error screen,
restart your computer. If this screen appears again, follow
these steps:

Check to make sure any new hardware or software is properly installed.
If this is a new installation, ask your hardware or software manufacturer
for any Windows updates you might need.

If problems continue, disable or remove any newly installed hardware
or software. Disable BIOS memory options such as caching or shadowing.
If you need to use Safe Mode to remove or disable components, restart
your computer, press F8 to select Advanced Startup Options, and then
select Safe Mode.

Technical information:
*** STOP: 0x0000004e (0x00000099, 0x00000000, 0x00000000, 0x00000000)


Beginning dump of physical memory
Physical memory dump complete.
Contact your system administrator or technical support group for further
assistance.
```

图 1—3—1　蓝屏故障代码

1. 蓝屏代码位置

一般蓝屏代码都位于屏幕提示文字的第一段或者倒数第三段，并且蓝屏代码都是以“*

＊＊STOP”开头。如图 1—3—1 所示＊＊＊STOP：0x0000004e（0x00000099，0x00000000，0x00000000，0x00000000）蓝屏代码。

2. 蓝屏代码含义

第一部分是停机码，如“STOP：0x0000004e”，用于识别已发生错误的类型。停机码可以通过微软知识库和其他技术资料进行查询。

第二部分是被括号括起来的四个数字集，如“（0x00000099，0x00000000，0x00000000，0x00000000）”，是操作系统或驱动程序开发人员随机定义的参数。

第三部分是错误名，用来标识产生错误的驱动程序或者设备。

3. 蓝屏代码原因分析

以下是几个典型的蓝屏故障代码及原因分析。

（1）0X0000000A：IRQL _ NOT _ LESS _ OR _ EQUAL，表示驱动程序本身有缺陷或者与硬件不兼容。

（2）0X0000007B：INACESSIBLE _ BOOT _ DEVICE，表示病毒造成的硬盘引导分区错误。

（3）0X000000ED：表示硬盘或操作系统有问题。

（4）0X0000004E：表示内存有问题。

（5）0X0000007E 或 0X0000008E：表示病毒、木马导致的内存不足。

（6）0X00000050 或 0x00000080：NMI _ HARDWARE _ FAILURE，表示内存、CPU、硬盘等硬件问题。

（7）0X000000D1 或 0x000000B4：VIDEO _ DRIVER _ INIT _ FAILURE，表示显卡或显卡驱动程序引发的问题。

（8）0X0000006F：SESSION3 _ INITIALIZATION－FAILED，表示损坏的系统文件引起的问题。

三、查看报错代码

计算机出现蓝屏故障时，在不重新启动操作系统的情况下，可按以下步骤查看报错代码。

1. Windows XP 系统中，选择桌面上的“我的电脑”图标，单击鼠标右键，在弹出的快捷菜单中选择“属性”命令，在“系统属性”对话框中选择“高级”选项卡，如图 1—3—2a 所示。Windows 7 系统中，选择桌面上的“计算机”图标，单击鼠标右键，在弹出的快捷菜单中选择“属性”命令，在打开的“系统”窗口中选择“高级系统设置”选项，在弹出的“系统属性”对话框中选择“高级”选项卡，如图 1—3—2b 所示。

2. 在“启动和故障恢复”选项中单击“设置”按钮，打开“启动和故障恢复”对话框，如图 1—3—3 所示。

3. 在“启动和故障恢复”对话框中，取消“系统失败”项中的“自动重新启动”复选框的选择，如图 1—3—3 所示。

4. 单击“确定”按钮两次，关闭“系统属性”对话框。

此时，当计算机因软件与系统的兼容性错误，或者其他原因导致系统致命错误而产生蓝屏时，就不会重新启动计算机。这样方便维护人员查看错误代码，从而找出引起故障的原因。

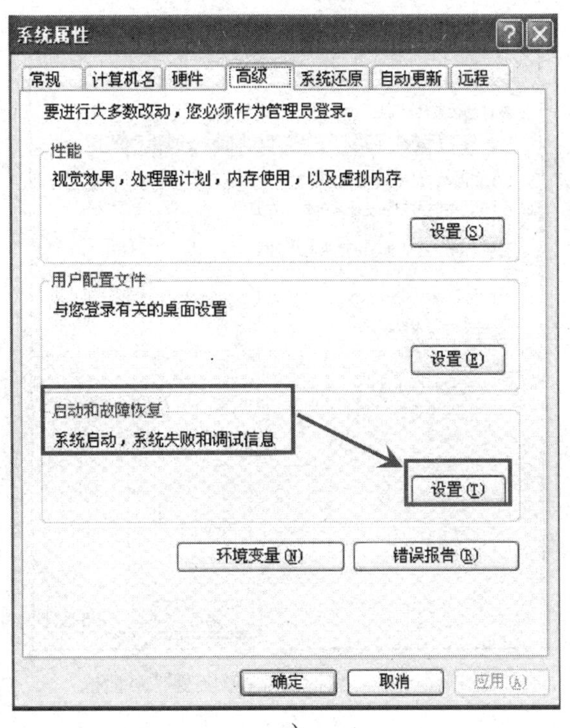

a)

b)

图 1—3—2　“系统属性”对话框

a）Windows XP 系统中　b）Windows 7 系统中

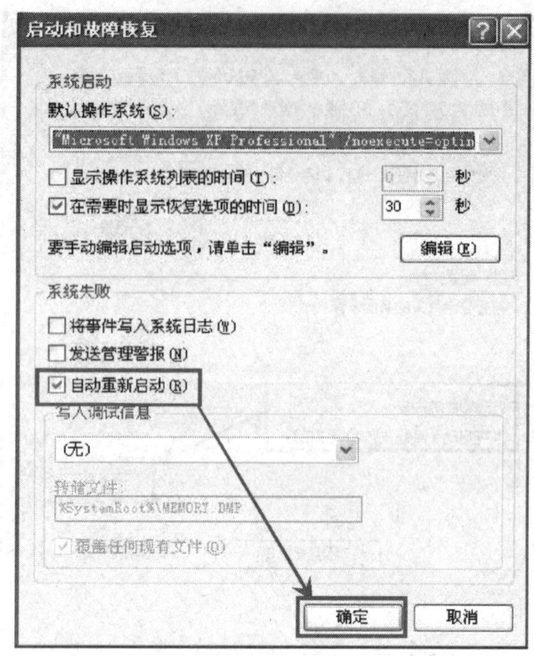

图 1—3—3 “启动和故障恢复”对话框

检修方法

开机出现蓝屏故障的原因很多，因此在遇到蓝屏故障时，应遵循“先简单后复杂”“先软后硬”的原则进行，直到故障排除。

一、软件原因的排除

1. 最后一次正确的配置

在开启计算机时，按【F8】键直至系统启动高级选项为止，如图 1—3—4 所示。此时按键盘上的下移光标键【↓】，选择“最后一次正确的配置”选项，按回车键进行修复。

如果故障无法修复或不能进入系统启动高级选项，进行下一步操作。

2. 安全模式

重新启动计算机，按【F8】键直至系统启动高级选项，如图 1—3—4 所示。在系统高级选项界面中选择“安全模式”选项，按回车键，如果不能进入安全模式，则进行第五步（记录蓝屏代码并处理），反之在安全模式下打开安全类工具软件进行病毒查杀，病毒查杀完成后如果故障仍无法修复，进行下一步操作。

3. 系统还原

以安全模式启动计算机后，执行“开始”→“所有程序”→“附件”→“系统工具”→“系统还原”命令，打开“系统还原”向导对话框，如图 1—3—5 所示。

单击“下一步”按钮，打开“选择还原点”对话框，如图 1—3—6 所示。

选择一个还原点，单击“下一步”按钮，打开“确认还原点”对话框，如图 1—3—7 所示。

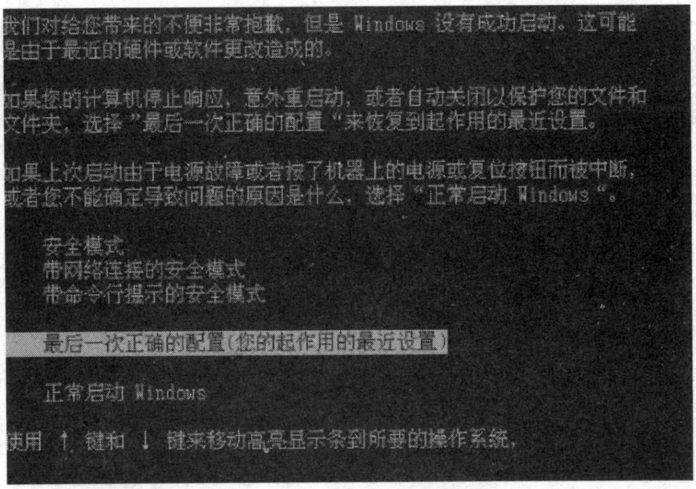

我们对给您带来的不便非常抱歉，但是 Windows 没有成功启动。这可能是由于最近的硬件或软件更改造成的。

如果您的计算机停止响应，意外重启动，或者自动关闭以保护您的文件和文件夹，选择"最后一次正确的配置"来恢复到起作用的最近设置。

如果上次启动由于电源故障或者按了机器上的电源或复位按钮而被中断，或者您不能确定导致问题的原因是什么，选择"正常启动 Windows"。

安全模式
带网络连接的安全模式
带命令行提示的安全模式

最后一次正确的配置(您的起作用的最近设置)

正常启动 Windows

使用 ↑ 键和 ↓ 键来移动高亮显示条到所要的操作系统。

图 1—3—4　系统启动高级选项

单击“下一步”或“完成”按钮，开始进行系统还原，这个过程中系统会重启。系统还原完成后，如果故障仍无法修复，则进行下一步操作。

小提示

“系统还原”就是在不重新安装操作系统、也不破坏数据文件的前提下，使系统回到之前的某一正常工作状态。使用“系统还原”功能要注意，一定要在系统正常的情况下创建还原点。

开启系统还原的方法如下：

在桌面的“我的电脑”上单击鼠标右键，在快捷菜单中选择“属性”命令，在打开的对话框中选择“系统还原”选项，开启所有驱动器上的系统还原功能。

方法一：执行“开始”→“所有程序”→“附件”→“系统工具”→“系统还原”命令，在弹出的是否要打开系统还原对话框中，单击“是”按钮即可。

方法二：在桌面“我的电脑”图标上单击鼠标右键，选择“属性”命令，打开“系统属性”对话框，切换到“系统还原”选项卡，取消“在所有驱动器上关闭系统还原”复选框的勾选，单击“应用”按钮。

在默认情况下，“系统还原”将对所有驱动器的变化保存相应的信息和数据，这样会随着使用时间的增长占用大量的磁盘空间。为了节约磁盘空间，一般仅对操作系统所在的分区（即 C 盘）开放系统还原功能。在设置中关闭其他盘的还原支持，设置仅对 C 盘的系统还原，如图 1—3—8 所示。

4. 修复安装系统

在 BIOS 设置程序中，将光驱设置为第一启动设备，插入原装系统安装盘，启动计算机后按【R】键选择“修复安装”选项进行系统修复。修复安装系统后，如果故障仍然无法排除，进行下一步操作。

5. 记录蓝屏代码并处理

首先查看蓝屏报错代码，然后在微软帮助与支持网站窗口（http://support.microsoft.

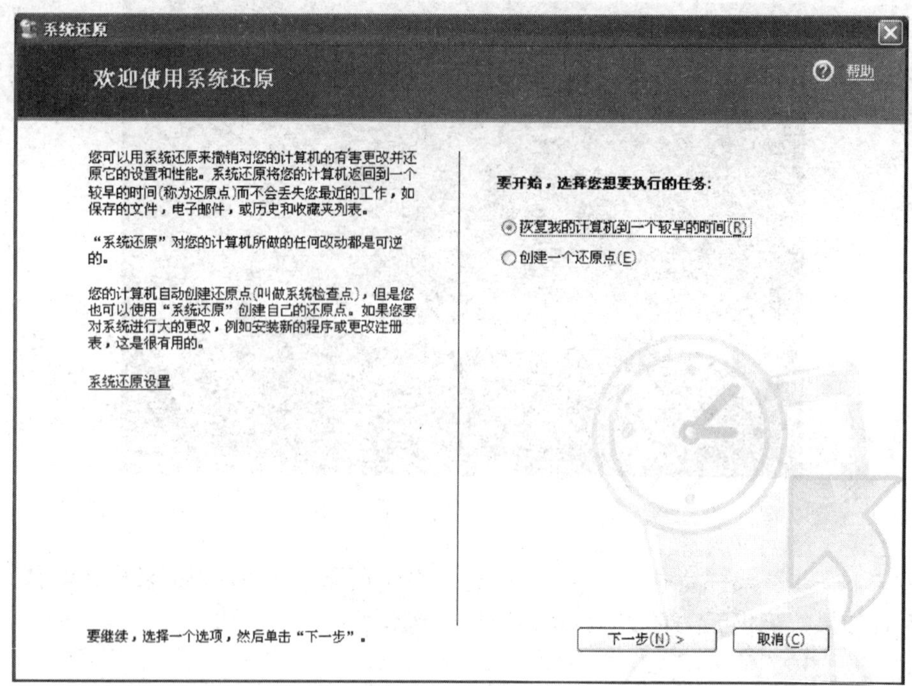

a)

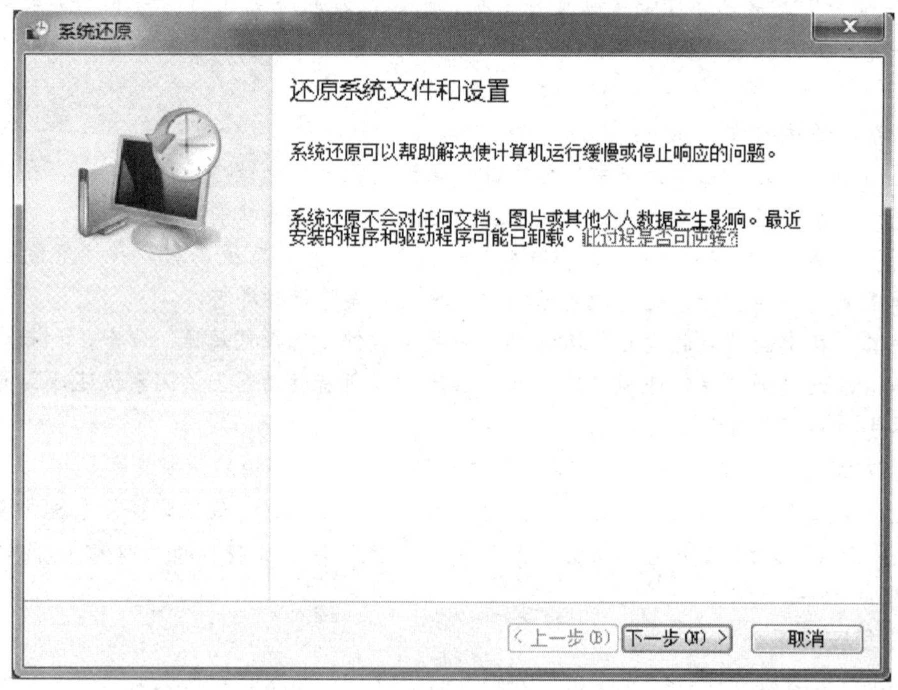

b)

图 1—3—5 “系统还原”向导对话框

a）Windows XP 系统中 b）Windows 7 系统中

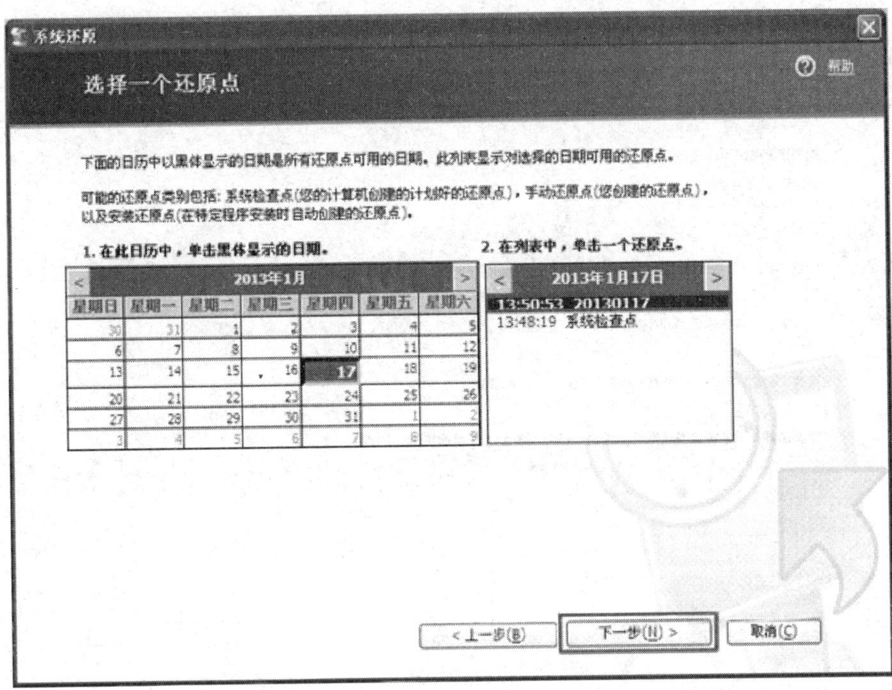

a）

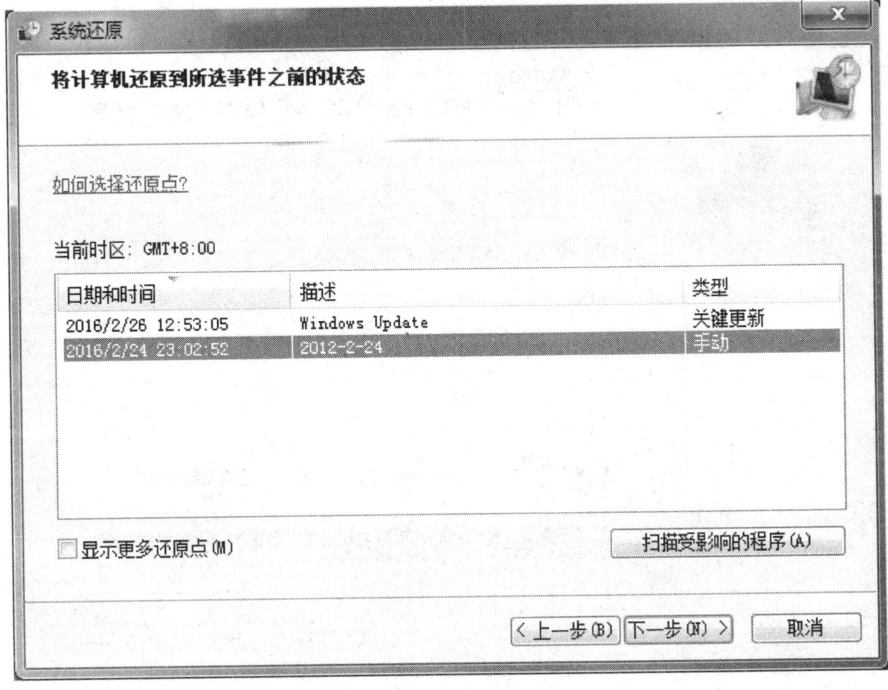

b）

图 1—3—6 选择还原点

a）Windows XP 系统中 b）Windows 7 系统中

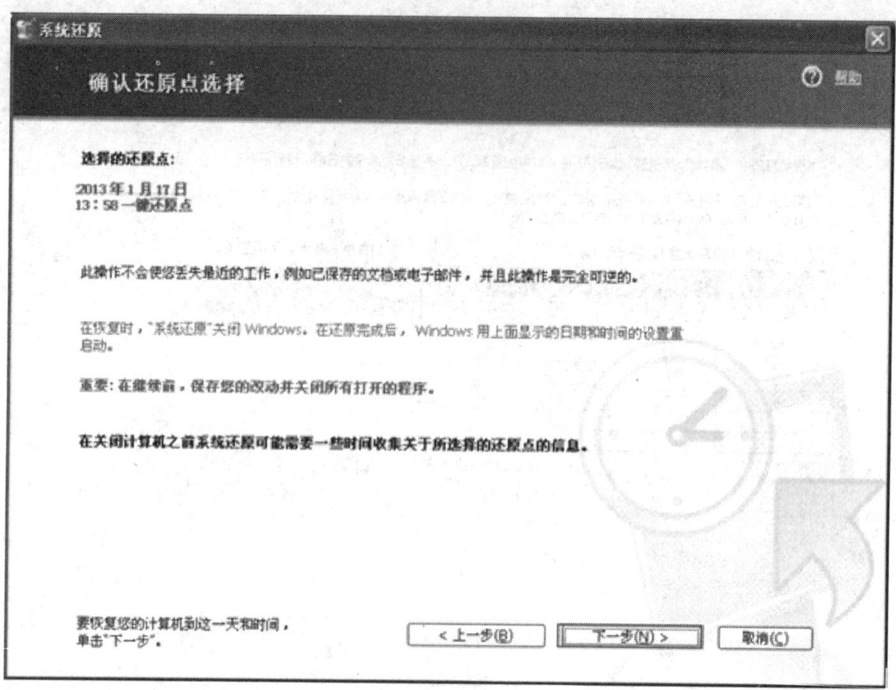

a)

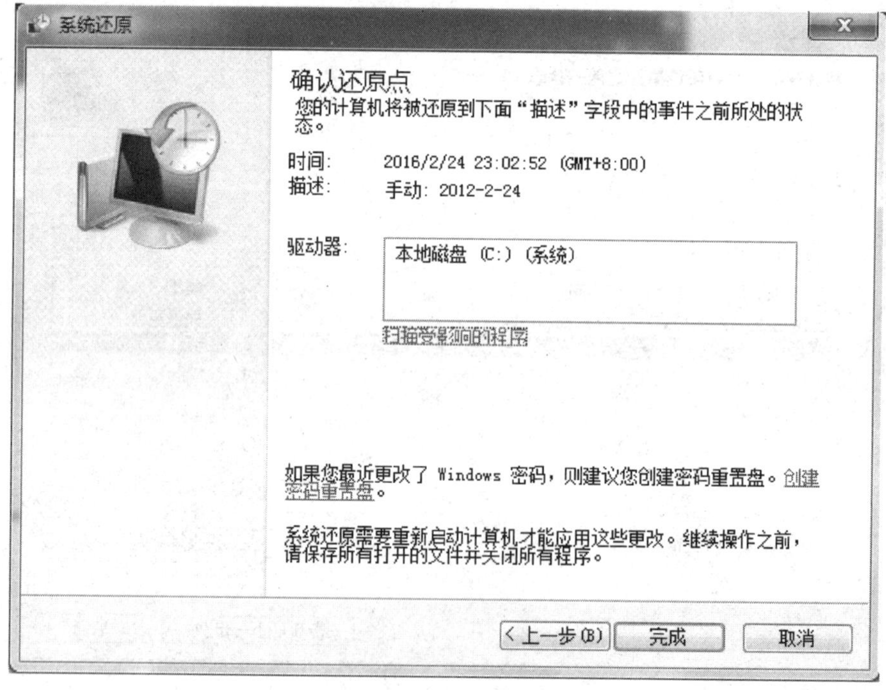

b)

图 1—3—7　确认还原点

a）Windows XP 系统中　b）Windows 7 系统中

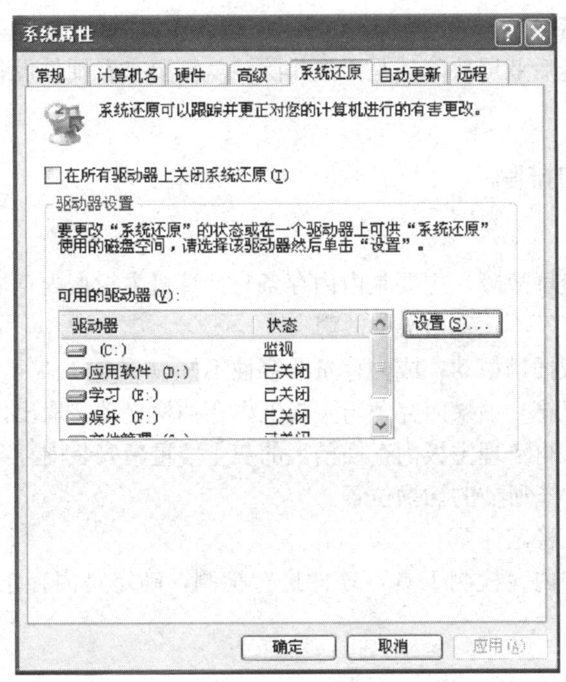

图 1—3—8　设置 C 盘系统还原

com/）的右上方“搜索目标”项中输入停机码（例如 0X0000000A）进行搜索，如图 1—3—9 所示。查清错误类型并修复故障。如果故障仍然无法修复，进行下一步操作。

图 1—3—9　微软帮助与支持网站

6. 重新安装操作系统

如果重新安装系统后蓝屏故障还是无法排除，就需要查看硬件设备，定位硬件原因引起故障的部位。

二、硬件原因的排除

1. 内存出错

内存出错引起的蓝屏故障，主要是由内存条与计算机主板上内存插槽松动引起的，也有内存条兼容性、质量以及不稳定造成的故障。

（1）内存条与主板插槽松动，或内存条兼容性不好

故障排除：打开机箱，如果内存条与主板上内存插槽松动，取出内存条，使用橡皮擦将内存条金手指擦干净，再清理主板内存插槽上的灰尘，重新安装内存条；如果内存条的兼容性不好，需要更换内存条所插的插槽位置。

（2）内存条质量及稳定性差

故障排除：使用“内存检测工具”软件进行检测，确定是内存条质量引起的蓝屏故障后，直接更换内存条。

2. 硬盘坏道过多

故障排除：用“硬盘检测工具”软件对硬盘进行扫描和修复。如果故障无法排除，可对硬盘进行重新分区，并重新安装操作系统。如果故障仍然存在，需要对硬盘进行低级格式化处理。如果硬盘进行低级格式化处理后故障仍然存在，说明硬盘本身存在问题，需要更换硬盘。

蓝屏故障的计算机系统已基本瘫痪，硬盘、内存检测的最佳方法就是在 WinPE 系统里进行检测，即使用一个支持 WinPE 启动的 U 盘来进行检测。

三、蓝屏故障排除流程

根据上述故障原因分析，故障排除流程如图 1—3—10 所示。

【案例 1】

故障现象：正常使用的计算机在进行系统漏洞修复以后，重新启动到出现进度条后发生蓝屏，反复操作依然如此，按【F8】键不能进入安全模式，错误代码如图 1—3—11 所示。

故障分析：通过对 STOP 后面的代码“0x000000ED”的查询，得知蓝屏原因可能是硬盘存在磁盘错误或文件错误、硬盘数据线或电源线接触不良或与硬盘的规格不符等。从图 1—3—11 中出现的“UNMOUNTABLE _ BOOT _ VOLUME”（意思为：没有标记的启动卷）信息可知，是硬盘分区或系统文件错误导致蓝屏故障。

故障处理：使用 U 盘 WinPE 系统自带的磁盘管理工具查看硬盘的分区情况，若显示正常，再使用分区表医生对分区表进行检查，均无错误，返回 U 盘 PE 桌面后，系统盘仍然无

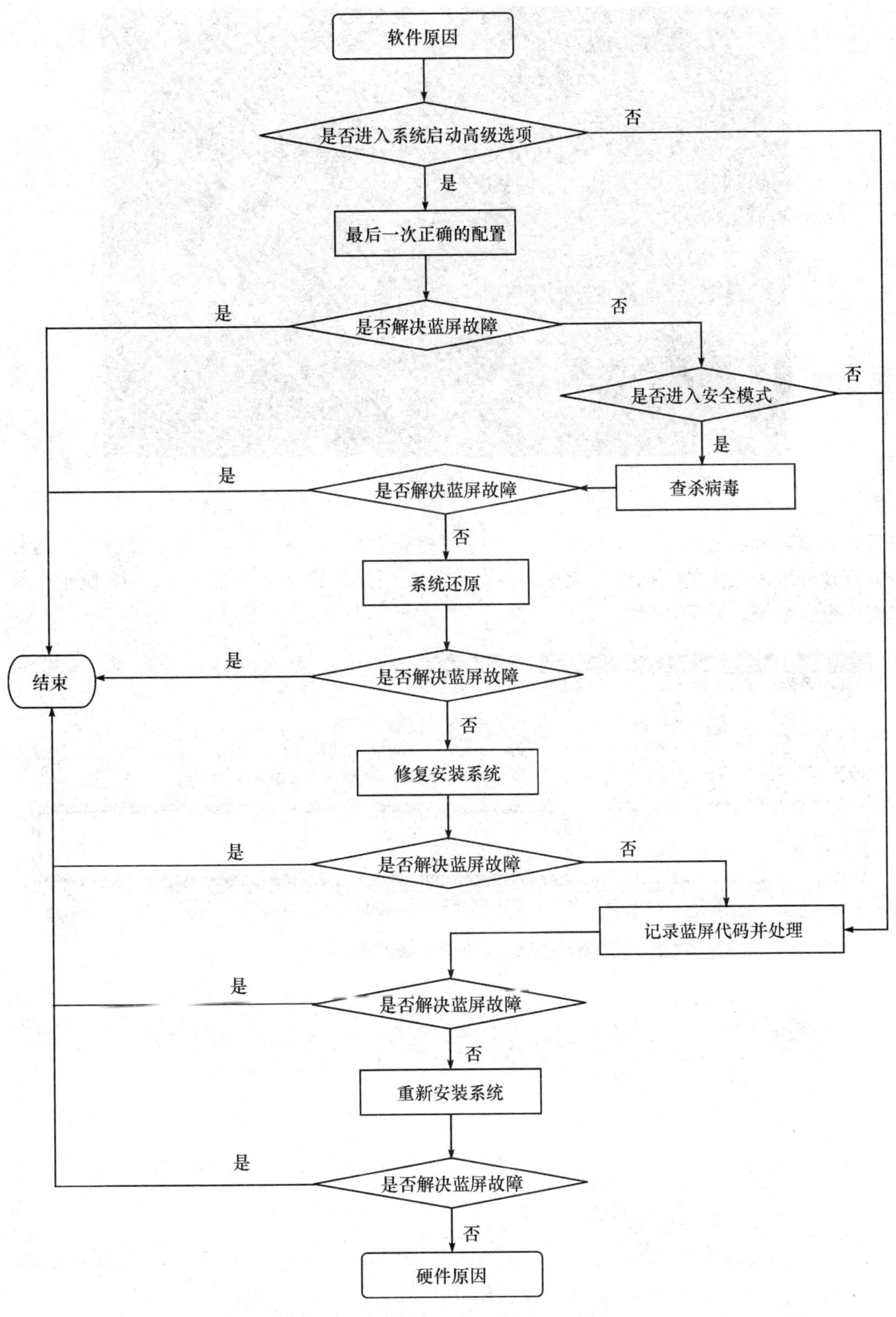

图 1—3—10　蓝屏故障排除流程

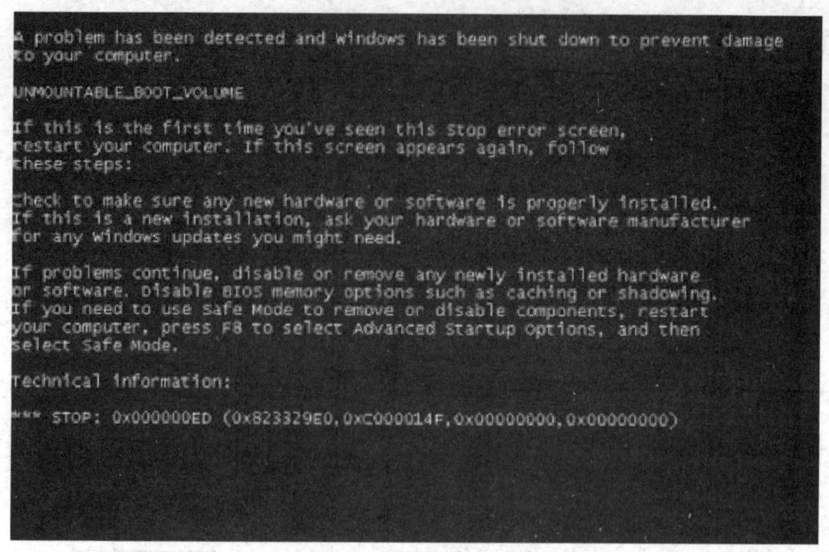

图 1—3—11　蓝屏故障

法打开。重返分区表医生，发现工具栏上有“检查”工具，提示为“用修复引导”运行错误。打开分区表医生的“操作”菜单，执行“修复引导”命令，如图 1—3—12 所示。修复完成后重启系统，恢复正常。

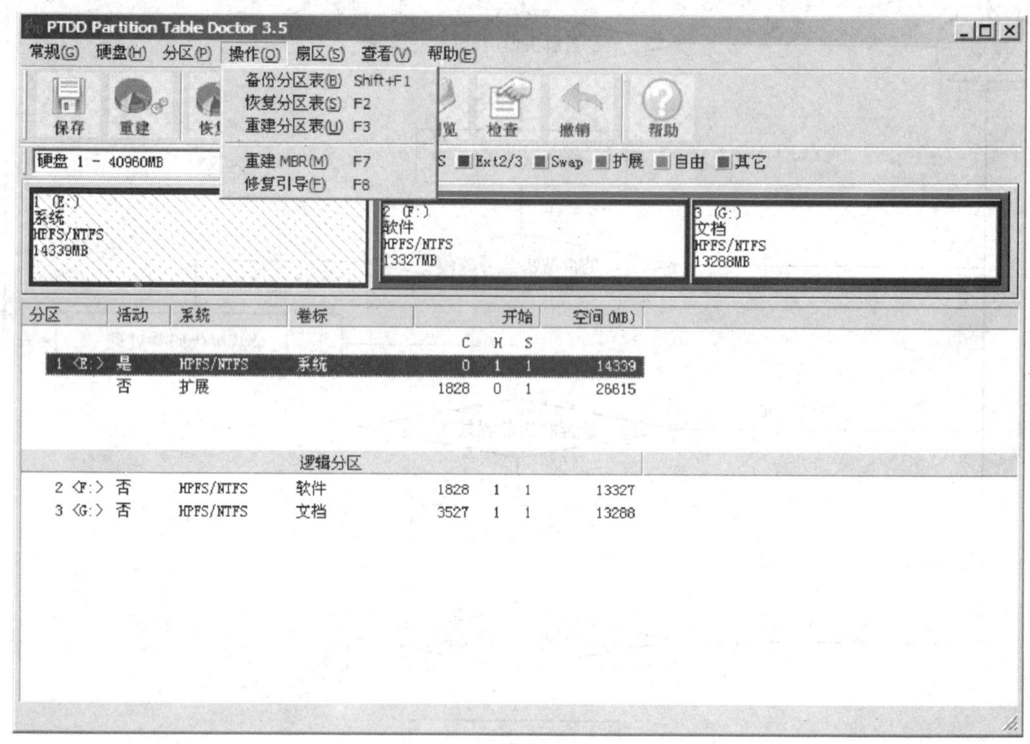

图 1—3—12　分区表医生中的“修复引导”功能

小提示

如果在修复后，故障依然存在，建议检查硬盘连线是否正常。如连线正常，则可能是硬盘出现损坏。

【案例 2】

故障现象：一台装有 Windows 7 系统的计算机更新系统后，频繁出现开机蓝屏，故障现象如图 1—3—13 所示，强制重新启动后没多久再次出现蓝屏。

```
A problem has been detected and Windows has been shut down to
prevent damage to your computer.

IRQL_NOT_LESS_OR_EQUAL

If this is the first time you've seen this Stop error screen,
restart your computer. If this screen appears again, follow
these steps:

Check to make sure any new hardware or software is properly installed.
If this is a new installation, ask your hardware or software
manufacturer for any Windows updates you might need.

If problems continue, disable or remove any newly installed hardware
or software. Disable BIOS memory options such as caching or shadowing.
If you need to use Safe Mode to remove or disable components, restart
your computer, press F8 to select Advanced Startup Options, and then
select Safe Mode.

Technical information:

*** STOP: 0x0000000A (0x00000000,0xD0000002,0x00000001,0x8082C582)
```

图 1—3—13　蓝屏故障

故障分析：按照故障排除流程图，进入“最后一次正确的配置”，重新启动系统后故障依然存在。在“安全模式”下查杀病毒，重新启动系统后故障依然不能排除，怀疑是系统更新文件与硬件兼容性不好造成的。

故障处理：在桌面的“计算机”图标上单击鼠标右键，选择快捷菜单中的“管理”命令，打开“计算机管理”窗口，选择窗口中“系统工具”项下的“事件查看器”选项，在出现的“概述与摘要”窗口中，检查审核失败的项，如图 1—3—14 所示。选择审核失败的事件，查看事件的所有实例，选择所有事件并全部删除，重启计算机后故障消除。

小提示

避免蓝屏故障的方法：

1. 定期备份注册表。
2. 避免非正常关机，减少重要文件（扩展名为“vxd”和“dll”类型）的丢失。
3. 谨慎升级显卡、主板驱动程序，防止升级造成危害。
4. 定期检查优化系统文件。
5. 减少安装不必要的软件。
6. 使用正确的应用程序卸载方法。
7. 尽量避免多个大型应用程序同时运行。
8. 定时升级杀毒软件。

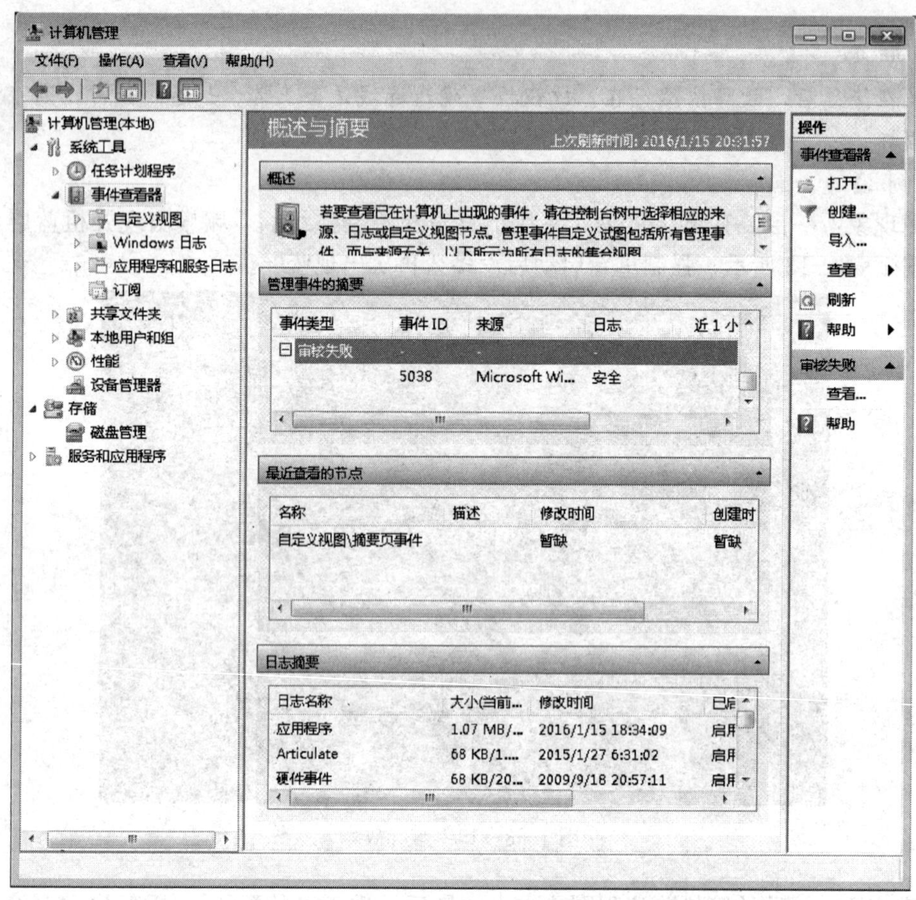

图 1—3—14 事件查看器的“概述与摘要”窗口

项目二　系统运行故障

计算机系统正常运行是用户高效使用计算机的前提和基础，本项目从病毒引发的故障、网络故障、死机故障、自动重启故障、硬盘数据丢失故障和关机故障六个学习任务来学习系统运行故障的诊断和排除。通过本项目系统运行故障相关知识的学习和基本技能的训练，为后续计算机故障诊断与维修打下良好的基础。

任务1　病毒引发的故障

学习目标

1. 了解病毒的概念、特征和种类。
2. 掌握病毒引发的系统运行异常现象。
3. 能正确防范和查杀计算机病毒。

任务描述

“病毒引发的故障”是指计算机在运行过程中出现“屏幕显示异常、系统运行缓慢、数据丢失、网络堵塞、重启、死机”等非人为、硬件、软件故障引起的一种软件故障。由于病毒的发作是有规律的，计算机在感染病毒后出现规律性的异常，这是病毒引发的故障与其他故障的区别所在。本任务针对计算机感染病毒后的状态，对计算机系统运行情况进行诊断和处理。

相关知识

一、病毒的概念与特征

1. 计算机病毒

破坏计算机功能或者毁坏数据，影响计算机使用，并能自我复制的一组计算机指令或者程序代码称为计算机病毒（Computer Virus）。

2. 计算机病毒的特征

（1）寄生性：计算机病毒本身通常不会独立存在，而是寄生在其他应用程序之中，当运行带有病毒的程序时，病毒就开始发作，破坏计算机系统。

（2）传染性：计算机病毒可通过各种可能的渠道进行传染，如U盘、硬盘、移动硬盘、计算机网络等，并寻找机会破坏计算机系统。传染性是计算机病毒的基本特征。

（3）潜伏性：计算机病毒侵入到系统后并不会马上发作，可能较长时间都会隐藏在某些文件之中，直到满足触发条件时才发挥作用。

（4）隐蔽性：计算机病毒具有很强的隐蔽性，有的可以通过杀毒软件查出，有的根本无法查出，有的时隐时现、变化无常。

（5）破坏性：计算机病毒可能破坏系统、修改或删除数据，占用系统资源使计算机变慢、堵塞网络，干扰计算机正常运行，严重的会使计算机系统崩溃。

（6）可触发性：病毒具有预定的触发条件，这些条件可能是时间、日期、文件类型或某些特定数据等。

二、计算机病毒种类

1. 按传染方式分类

（1）引导型病毒：引导型病毒主要通过可启动盘在操作系统中传播，感染引导区，蔓延到硬盘，并感染硬盘中的主引导记录。

（2）文件型病毒：文件型病毒运行在计算机存储器中，通常感染扩展名为 com、exe、sys 等类型的文件。

（3）混合型病毒：混合型病毒具有引导型病毒和文件型病毒两者的特点。

（4）宏病毒：宏病毒主要感染和影响文档的各种操作。

2. 按连接方式分类

（1）源码型病毒：它攻击高级语言编写的源程序，在源程序编译之前插入其中，并随源程序一起编译、连接成可执行文件。源码型病毒较为少见。

（2）入侵型病毒：入侵型病毒可用自身代替正常程序中的部分模块，这类病毒只攻击某些特定程序，针对性较强。一般情况下难以被发现，清除起来较困难。

（3）操作系统型病毒：操作系统型病毒可用其自身部分加入或替代操作系统的部分功能，因其直接感染操作系统，这类病毒的危害性较大。

（4）外壳型病毒：外壳型病毒通常将自身附在正常程序的开头或结尾，相当于给正常的程序加了个外壳。大部分的文件型病毒都属于这一类。

检修方法

在清除计算机病毒的过程中，有些类似计算机病毒的现象纯属由计算机硬件或软件故障引起，同时有些病毒发作现象又与硬件或软件的故障现象相类似，如引导型病毒等。所以正确区分计算机病毒与故障是保障计算机系统安全运行的关键。病毒引起的常见系统运行异常现象有如下几方面。

1. 计算机系统运行速度减慢。
2. 计算机系统经常无故死机。
3. 系统引导速度减慢。
4. 系统异常重新启动。
5. 计算机屏幕上出现异常显示。
6. Windows 操作系统无故频繁出现错误。
7. 内存空间、磁盘空间异常减小。
8. 计算机系统的蜂鸣器出现异常声响。

9. 系统不识别硬盘或磁盘卷标发生变化。

10. 计算机系统中的文件无故长度发生变化、丢失或损坏。

11. 键盘输入出现异常。

12. 文件无法正确读取、复制、打开或文件的属性等发生变化。

13. 一些外部设备工作异常。

14. Word 或 Excel 提示执行“宏”。

一、计算机感染病毒较轻时的处理方法

1. 利用杀毒软件自动查杀

安装最新版的杀毒软件和防火墙，及时更新病毒库，让杀毒软件及时发现并杀掉病毒。如果杀毒软件失灵，可采取手动查找方法。

2. 手动检查计算机病毒

（1）打开任务管理器，查看是否有可疑的进程，如图 2—1—1 所示。

图 2—1—1　任务管理器的“进程”选项卡

在图 2—1—1 中执行“查看”→“选择列”命令，在打开的“选择列”对话框中勾选“CPU 使用”复选框，如图 2—1—2 所示。

单击“确定”按钮，在“任务管理器”对话框中的“进程”选项卡中对 CPU 使用情况进行排序，如图 2—1—3 所示。除了 System Idle Process 和 System 以外，寻找 CPU 使用较大的进程，怀疑该进程被病毒感染。如果无法判断某进程是否为病毒木马程序，可记录进程名字，然后去“Windows 进程管理器”中查找答案。一般情况下，计算机在没有任何任务和程序时的进程是标准的英文（例如 alg. exe)，如果进程中有很多莫名其妙的“. exe”进程，可以关闭这些进程。

（2）打开冰刃等软件，查看是否有隐藏进程（冰刃软件中以红色标出)，然后查看系统进程的路径是否正确，如图 2—1—4 所示。

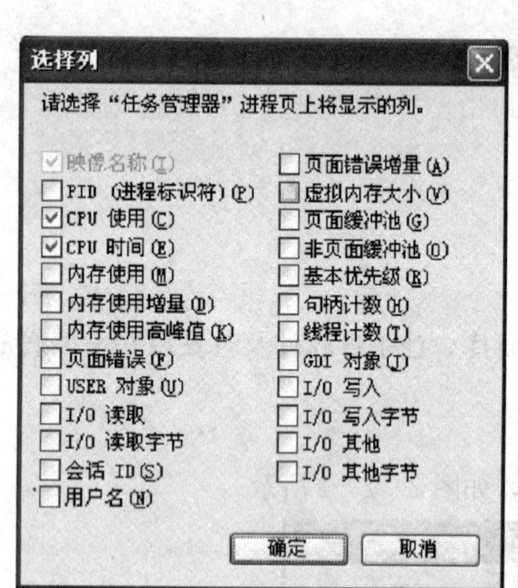

图 2—1—2 "查看"菜单中的选择列

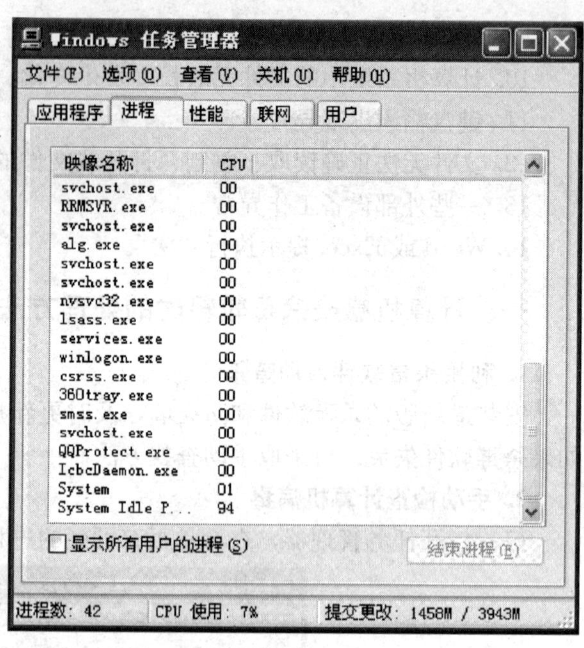

图 2—1—3 进程占用 CPU 的排序

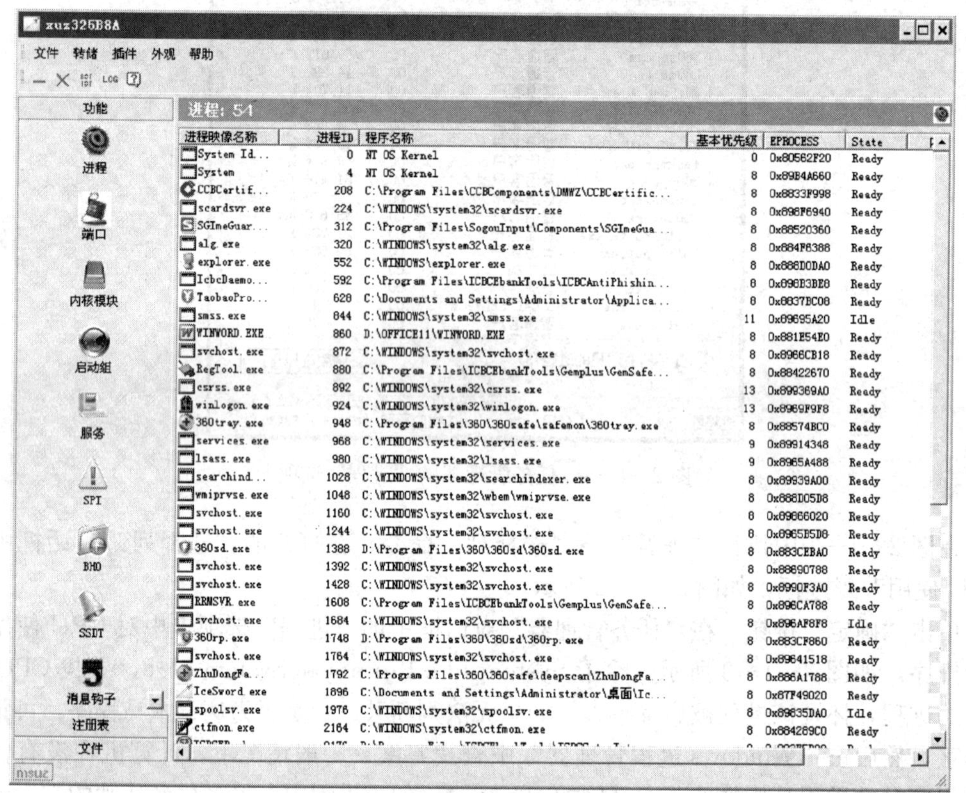

图 2—1—4 冰刃软件界面

(3) 如果进程全部正常，使用 Wsyscheck 等工具软件，查看是否有可疑的线程注入正常进程之中，如图 2—1—5 所示。

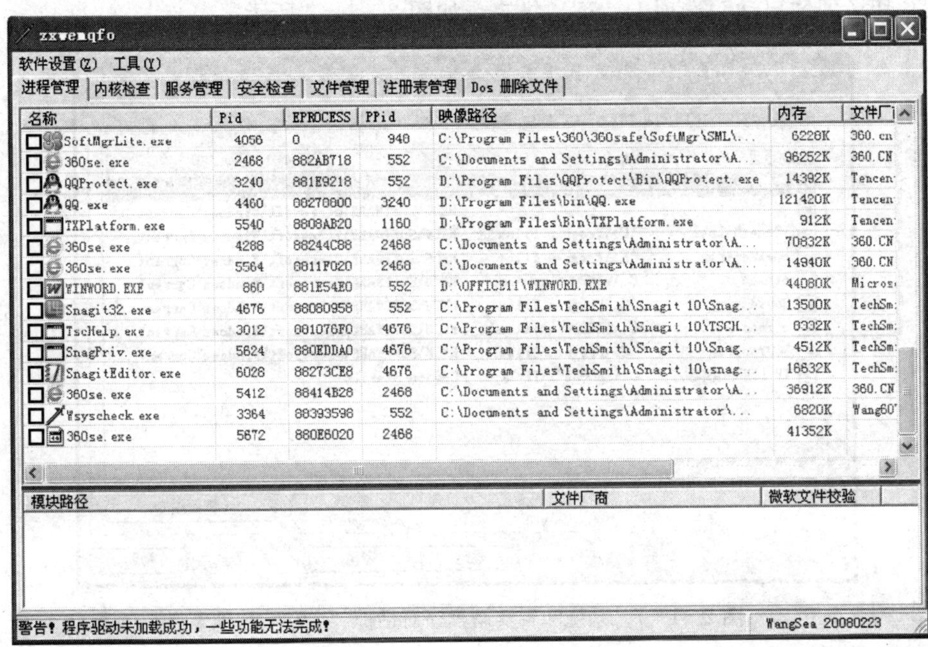

图 2—1—5　Wsyscheck 软件界面

进程排查完毕。如无异常，则开始排查启动项。

3. 检查启动项

（1）使用 msconfig 查看是否有可疑的服务。执行“开始”→“运行”命令，在“运行”对话框中输入“msconfig”命令，单击“确定”按钮，打开“系统配置实用程序”对话框，切换到“服务”选项卡，勾选“隐藏所有 Microsoft 服务”复选框，确认服务是否正常，如图 2—1—6 所示。

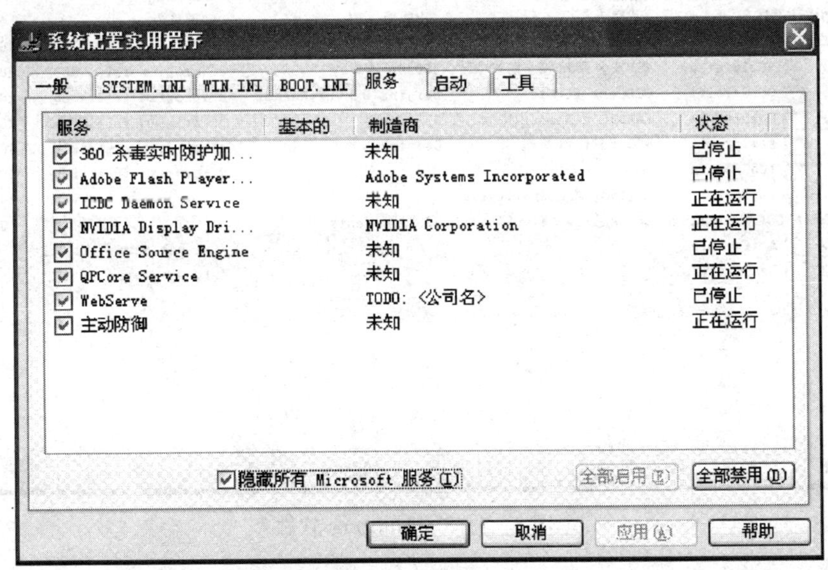

图 2—1—6　系统配置实用程序对话框“服务”选项卡

（2）切换到“启动”选项卡，逐一排查，如图 2—1—7 所示。

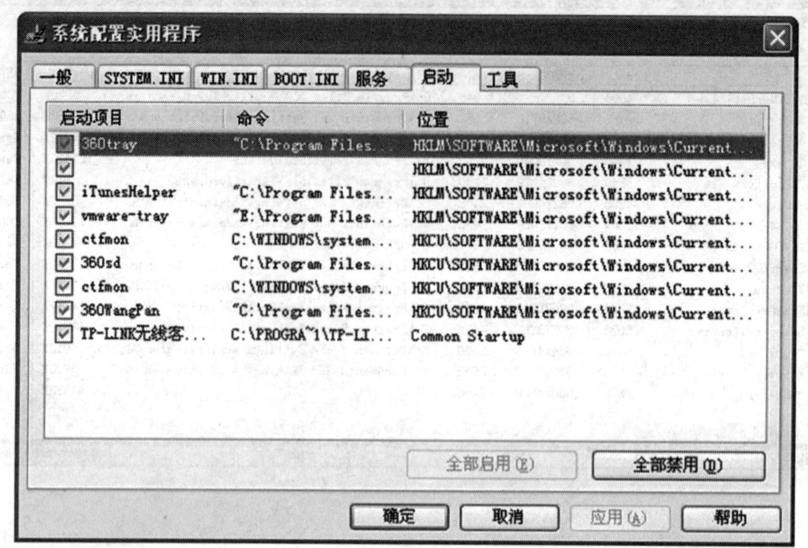

图 2—1—7　系统配置实用程序对话框“启动”选项卡

（3）使用 Autoruns 软件，查看更为详细的启动项信息（包括服务、驱动和自启动项、IEBHO 等信息），如图 2—1—8 所示。

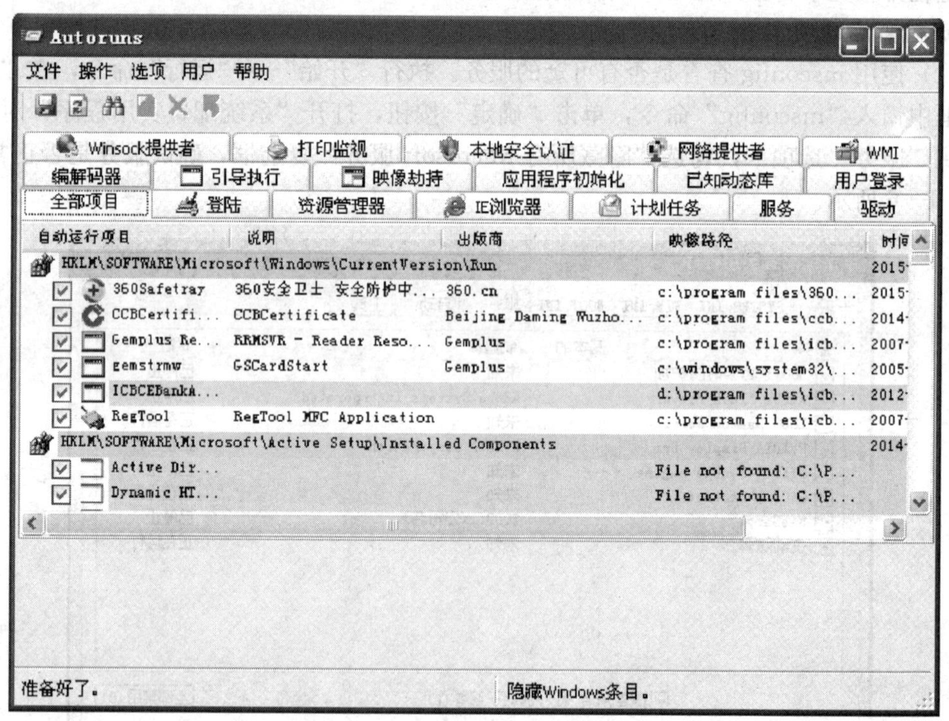

图 2—1—8　Autoruns 软件

4. 利用网络连接查看

用户连接到 Internet，然后使用“冰刃”软件的网络连接功能，查看是否有可疑的连接。如果 IP 地址发现异常，关掉系统中可能使用网络的应用程序，如迅雷等下载软件、杀毒软件的自动更新程序、IE 浏览器等，再次查看网络连接信息。

二、计算机感染病毒较重时的处理方法

若系统文件已被感染、杀毒软件不能正常打开、计算机系统无法正常进入时，应首先重新启动计算机，同时按【F8】键不松开，进入安全模式。在安全模式中正常运行杀毒软件并杀毒。如果“安全模式”无法进入，使用应急启动盘来进入系统，将计算机中的重要文件进行拷贝，然后对硬盘进行格式化处理，并重新安装操作系统。

小提示

病毒预防注意事项：

1. 建立良好的安全习惯。
2. 了解一些病毒知识。
3. 关闭或删除系统中不需要的服务。
4. 经常升级安全补丁。
5. 使用复杂密码。
6. 迅速隔离受感染的计算机。
7. 安装专业的杀毒软件进行全面监控。
8. 安装个人防火墙软件，预防黑客进攻。

检修案例

【案例 1】

故障现象：打开 Word 文档，360 杀毒软件弹出“Office 宏病毒”提示，如图 2—1—9 所示。但是，使用 360 杀毒软件扫描不到病毒。

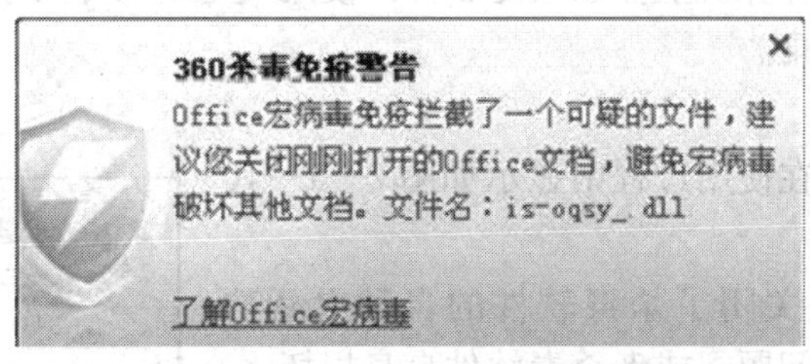

图 2—1—9　“Office 宏病毒”提示

故障分析：计算机感染宏病毒。

故障处理：使用 360 杀毒软件进行全盘扫描查杀处理，然后卸载办公软件重新安装即可解决，或者下载 Office 病毒专杀工具软件进行杀毒。

小提示

宏病毒是一种寄存在文档或模板的宏中的计算机病毒。一旦打开这样的文档，其中的宏就会被执行，于是宏病毒就会被激活，转移到计算机上，并驻留在 Normal 模板上。从此，所有自动保存的文档都会“感染”这种宏病毒。

一、宏病毒的主要破坏

1. 对 Word 运行的破坏表现为：不能正常打印、改变文件存储路径、更改文件名、胡乱复制文件、关闭有关菜单、文件无法正常编辑。

2. 对系统的破坏表现为：Word Basic 语言能够调用系统命令，对系统造成破坏。

二、宏病毒的特点

与感染普通 .exe 或 .com 文件的病毒相比，Word 宏病毒具有隐蔽性强、传播迅速、危害严重、难以防治等特点。

1. 宏病毒隐蔽性强

由于人们忽视了在传递一个文档时也会有传播病毒的机会，使得宏病毒具有了隐蔽性。

2. 宏病毒传播迅速且危害严重

Word 文件的交换是目前办公数据交流和传送的最常用的方式之一，由于该病毒能跨越多种平台，并且针对数据文档进行破坏，因此，具有极大的危害性。

3. 难以防治

一般情况下，人们较多注意可执行文件（.com、.exe）的病毒感染，而 Word 宏病毒寄生于 Word 的文档中，人们一般要对文档进行备份，因此病毒可以隐藏很长一段时间。

【案例 2】

故障现象：在登录 QQ 输入密码时，鼠标指向密码输入框内部为箭头形状，或光标停留在 QQ 号码输入框不动，或者在输入密码时，密码输入框内的光标不动，或向后移动，但不显示“*”号。

故障分析：计算机中存在 QQ 盗号木马病毒。

故障处理：不在此计算机上登录 QQ 软件。使用 QQ 木马专用杀毒软件进行杀毒，重新启动计算机后再进行登录。

【案例 3】

故障现象：计算机在使用过程中显示如图 2—1—10 所示的错误提示。

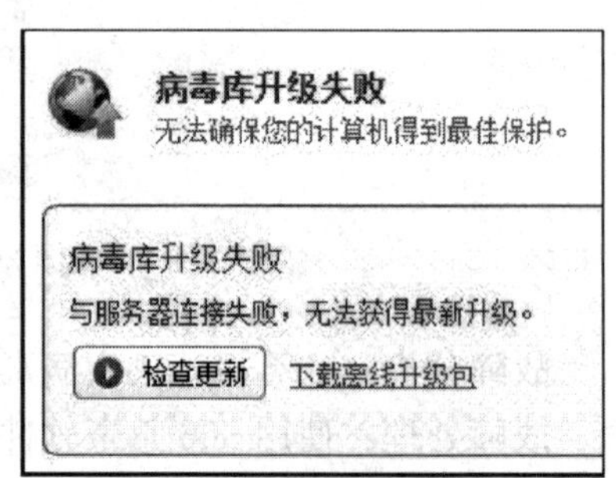

图 2—1—10　病毒库升级失败

故障分析：可能是关闭了杀毒软件的自动更新功能，或网络设置出现了问题，或者杀毒软件自身损坏。

故障处理：先查看能否进行手动更新，若可以，说明是关闭了杀毒软件的自动更新功能引起的故障，此时可重新对杀毒软件进行设置，如图 2—1—11 所示。反之，用以下方法尝试解决。

1. 查看是否是防火墙阻止了访问，此时应手动关闭防火墙，如图 2—1—12 所示。

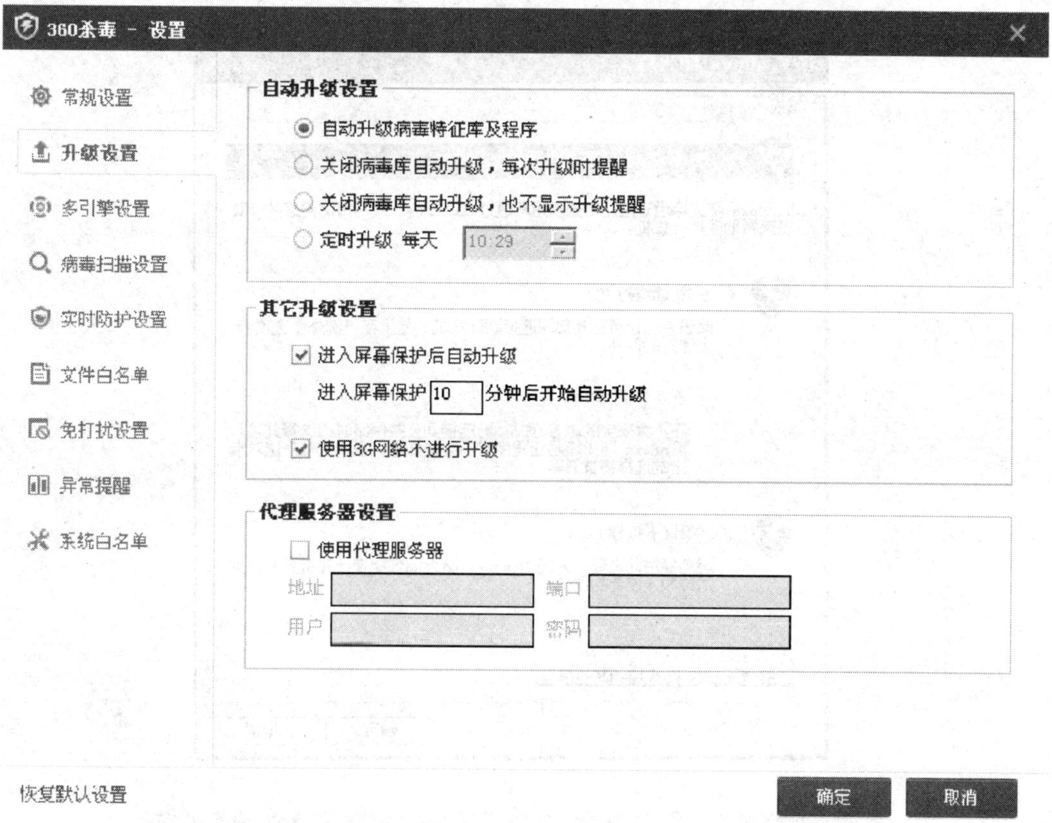

图 2—1—11　病毒库自动升级设置

2. 关闭防火墙后仍然不能手动更新，怀疑是杀毒软件自身感染病毒，此时需要进行病毒的手动查杀。

(1) 断开网络。在桌面的“网上邻居”上单击鼠标右键，从快捷菜单中选择“属性”命令，在弹出的“网络连接”窗口中禁用本地连接（防止病毒的连接），如图 2—1—13 所示。

(2) 进行手动病毒查杀。在“开始”菜单中选择“运行”命令，在打开的“运行”对话框中输入“cmd”命令，如图 2—1—14 所示。

(3) 单击“确定”按钮，打开命令窗口。在命令提示符下输入“ftype exefile＝notepad. exe %1”命令，如图 2—1—15 所示。

小提示

注释：为防止病毒运行，“ftype exefile＝notepad，exe%1”命令的意思是将所有的 exe 文件使用记事本打开。

(4) 重新启动计算机。在“记事本”中打开所有的 exe 文件，记录文件名，在百度中查看是否为系统文件。

(5) 还原 exe 文件关联。选择 exe 文件，单击鼠标右键，从快捷菜单中选择“打开方式”→“选择程序”命令，然后在“打开方式”对话框中单击“浏览”按钮，在打开的对话

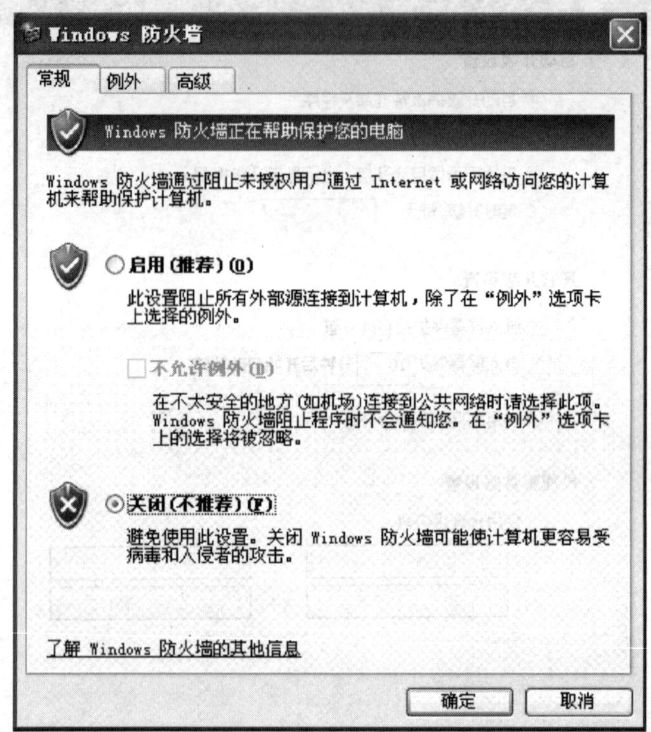

a)

b)

图 2—1—12　关闭防火墙

a）Windows XP 系统中　b）Windows 7 系统中

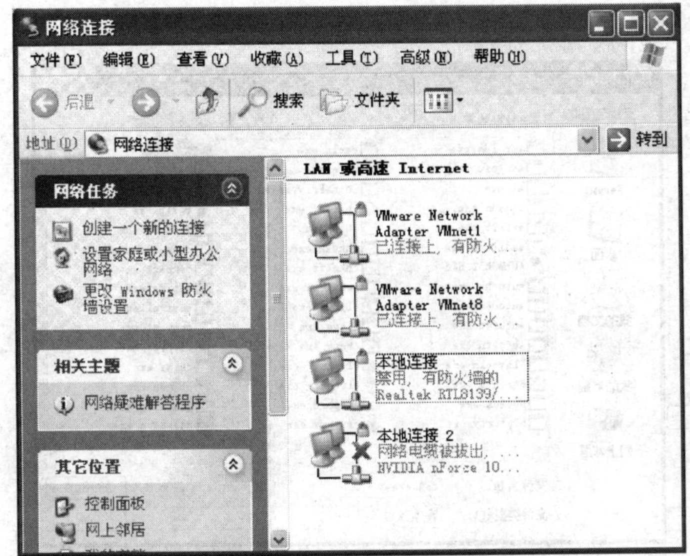

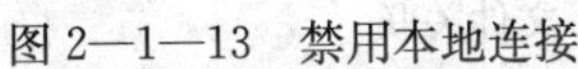
图 2—1—13　禁用本地连接

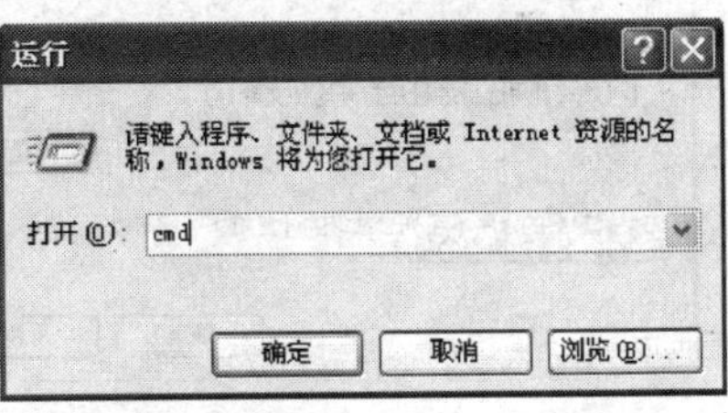

图 2—1—14　运行“cmd”命令

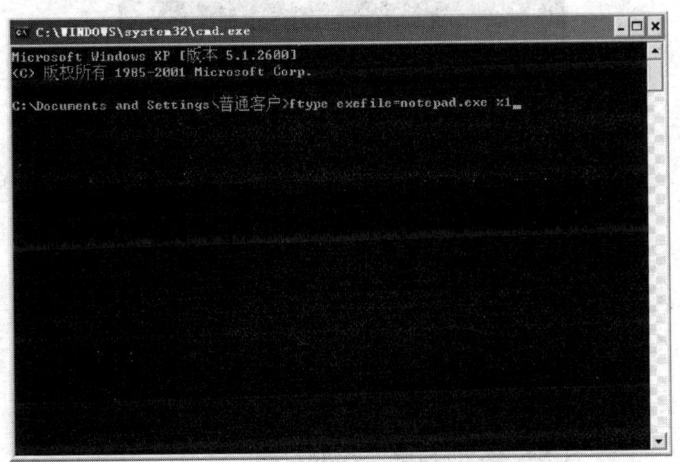

图 2—1—15　命令窗口

框中选择“C：\windows\system32\cmd.exe”文件，如图 2—1—16 所示。

(6) 单击“打开”按钮，在“打开方式”对话框中就添加了“Windows Command Processer”选项，如图 2—1—17 所示。

(7) 打开命令窗口，输入“ftype exefile=%1 %*”命令，还原所有的 exe 文件关联。

(8) 重新启计算机，把步骤 (4) 中打开的所有文件在记事本中再次打开，执行“开始”→“另存为”命令，在“另存为”对话框的“保存类型”下拉列表框里选择“所有文件”。此时，在文件列表中如果看到与要保存的文件同名的文件，说明此文件是病毒文件，要将病毒文件删除后，再另行保存文件。

(9) 重新安装杀毒软件（病毒库日期最新），然后进行全盘扫描。在桌面的“网上邻居”

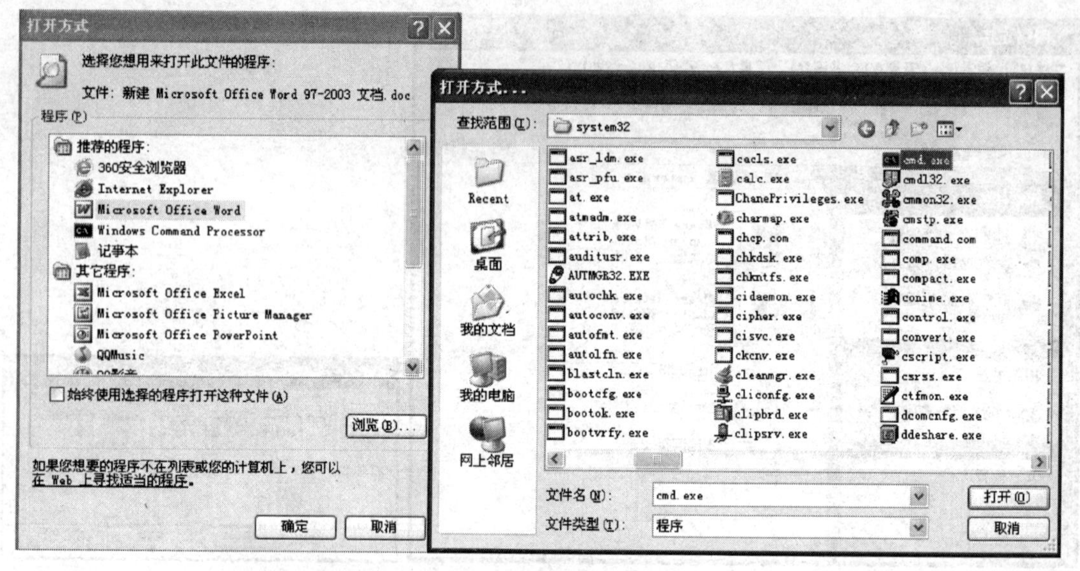

图 2—1—16　还原 exe 文件关联

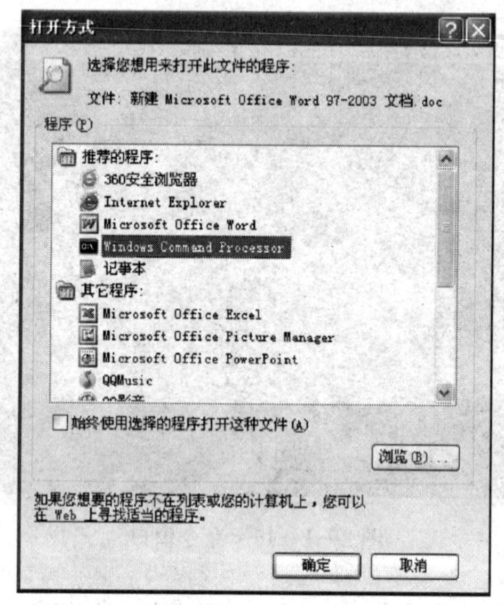

图 2—1—17　“打开方式”对话框

上单击鼠标右键，从快捷菜单中选择“属性”命令，在弹出的“网络连接”窗口中重新启用本地连接。

任务2　网络故障

学习目标

1. 了解网络故障的原因。
2. 能正确检测并排除网络故障。

任务描述

“网络故障”是指使用计算机过程中出现的网络异常，网络故障的绝大部分原因是由本机故障引起的。本任务从本机网络连接、配置文件选项和网络协议三个方面对网络故障进行诊断和排除。

相关知识

一、计算机正常联网应具备的条件

1. 网络设备物理连接畅通、性能满足需求。
2. 计算机能够正常运行且无病毒。
3. 网络设备的配置正常。

二、常见网络故障现象分析

1. 本地连接提示网络电缆没有插好、断开或受限

在任务栏中出现“网络电缆没有插好”提示，网络连接处出现红色的叉号，如图2—2—1所示。此现象可能是网卡没有接收到网络信号，需要检查计算机与网络插口的连线是否有损坏，或者重新插拔网线插口。

图2—2—1　“网络电缆没有插好”提示

如非物理连接问题，则先查看“本地连接”是否被禁用，如果被禁用，重新启用网络连接；如果是由病毒引起的，在命令行模式下输入“netsh winsock reset”命令，恢复网络初始设置，然后重新启动计算机。

若本地连接正常，则进一步使用 ping 命令测试网络接口、网络线缆、调制解调器等网络连接是否连接好。

(1) 单击“开始”菜单，选择“运行”命令，然后输入“cmd”，如图 2—2—2 所示。

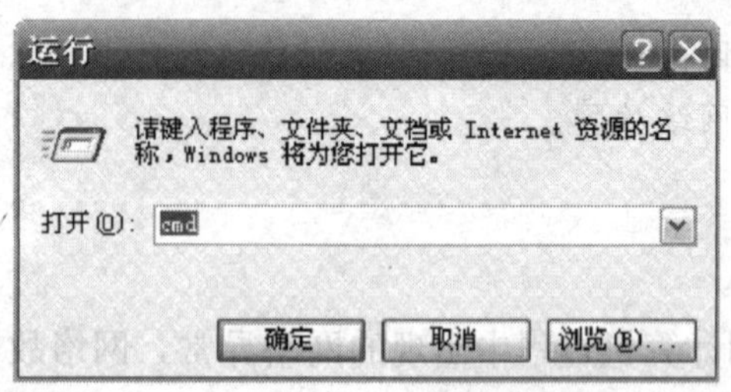

图 2—2—2　运行对话框

单击“确定”按钮，进入命令提示符窗口，如图 2—2—3 所示。

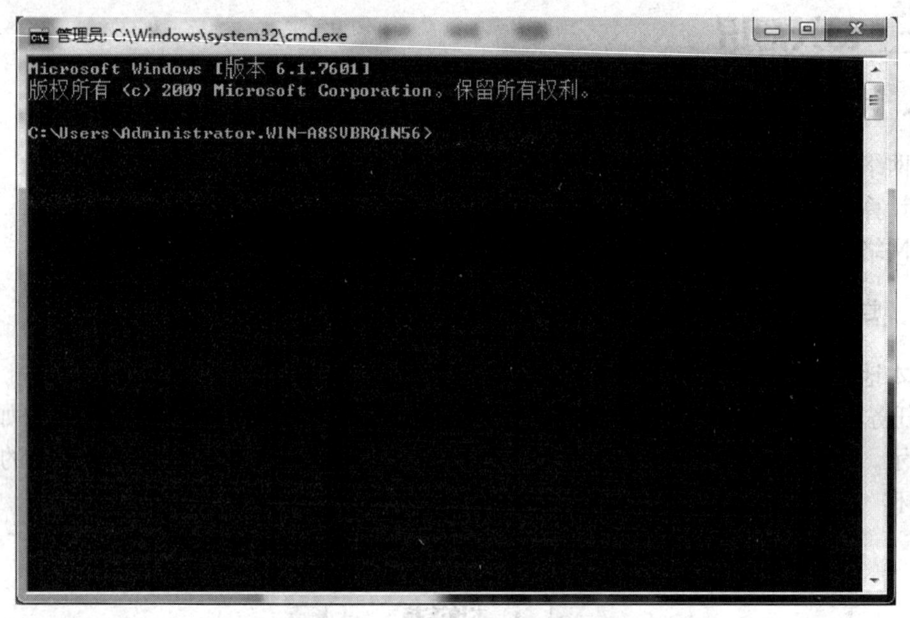

图 2—2—3　命令提示符窗口

(2) 在命令提示符窗口中输入“ping 127.0.0.1”，按回车键执行 ping 命令，结果如图 2—2—4 所示。

如果屏幕上连续出现以下文字，则表示网络连接正确。

来自 127.0.0.1 的回复：字节＝32 时间<1ms TTL＝64
来自 127.0.0.1 的回复：字节＝32 时间<1ms TTL＝64
来自 127.0.0.1 的回复：字节＝32 时间<1ms TTL＝64
来自 127.0.0.1 的回复：字节＝32 时间<1ms TTL＝64

如果屏幕上连续出现以下文字，则表示网络连接不正确。

```
管理员: C:\Windows\system32\cmd.exe
Microsoft Windows [版本 6.1.7601]
版权所有 (c) 2009 Microsoft Corporation。保留所有权利。

C:\Users\Administrator.WIN-A8SVBRQ1N56>ping 127.0.0.1

正在 Ping 127.0.0.1 具有 32 字节的数据:
来自 127.0.0.1 的回复: 字节=32 时间<1ms TTL=64
来自 127.0.0.1 的回复: 字节=32 时间<1ms TTL=64
来自 127.0.0.1 的回复: 字节=32 时间<1ms TTL=64
来自 127.0.0.1 的回复: 字节=32 时间<1ms TTL=64

127.0.0.1 的 Ping 统计信息:
    数据包: 已发送 = 4，已接收 = 4，丢失 = 0 (0% 丢失)，
往返行程的估计时间(以毫秒为单位):
    最短 = 0ms，最长 = 0ms，平均 = 0ms

C:\Users\Administrator.WIN-A8SVBRQ1N56>
```

图 2—2—4　ping 命令结果

请求超时。

请求超时。

请求超时。

请求超时。

此时需要相关技术人员查看交换机至用户的线路。

小提示

1. ping 命令

用于确定本地主机是否能与另一台主机成功交换数据包。根据返回的信息，可以推断 TCP/IP 参数设置是否正确，以及运行是否正常、网络是否通畅等。

127.0.0.1 是本地循环地址，如果该地址无法 ping 通，则表明本机 TCP/IP 协议不能正常工作，反之则证明 TCP/IP 协议正常。

2. ipconfig 命令

通常只用来查询本地的 IP 地址、子网掩码、默认网关等信息。如果可以 ping 通，表明网络适配器正常。

2. 能上 QQ 却无法打开网页

（1）IE 浏览器组件缺损：首先检测其他非 IE 内核的浏览器是否也无法上网，如果可以，那么基本可以断定就是 IE 浏览器的问题，或是 IE 组件的问题。卸载后重新安装 IE 浏览器即可解决。

（2）系统中毒或有恶意插件：将杀毒软件升级到最新版本，重启计算机按【F8】键进入系统高级选项菜单，在系统高级选项菜单中选择带网络的安全模式。检查浏览器是否可以正常上网，如果可以上网就重启计算机，正常进入计算机，检查是否可以正常上网，若还是不能上网，即可判断为中病毒，重启进入不带网络的安全模式系统，进行全盘杀毒。

（3）Winsock 和 TCP/IP 协议配置问题：打开命令提示符窗口，在命令提示符窗口中输

入“netsh winsock reset”并按回车键确定。按命令提示符中的提示重启计算机，如果检查可正常上网，就是 Winsock 和 TCP/IP 协议出错引起的故障。

(4) DNS 服务器问题：在“网络连接”窗口中找到“本地连接”并单击鼠标右键，在快捷菜单中选择“属性”命令，在打开的“本地连接属性”对话框中找到并双击“TCP/IP 协议”选项，根据网络连接方式，按照网络服务商要求，选择正确的 DNS 服务器地址，如图 2—2—5 所示。

单击“确定”按钮，返回“本地连接属性”对话框，再次单击“确定”按钮。重启计算机，如果检查可以正常上网，即可判定是 DNS 服务器地址错误引起的故障。

小提示

在本机查看 DNS 服务器地址方法：

1. ipconfig /all 命令。

2. 双击右下角系统托盘里的网络连接图标，打开“本地连接状态”对话框，然后切换到“支持”选项卡，如图 2—2—6 所示，单击“详细信息”按钮，就能看到 DNS 服务器的地址。

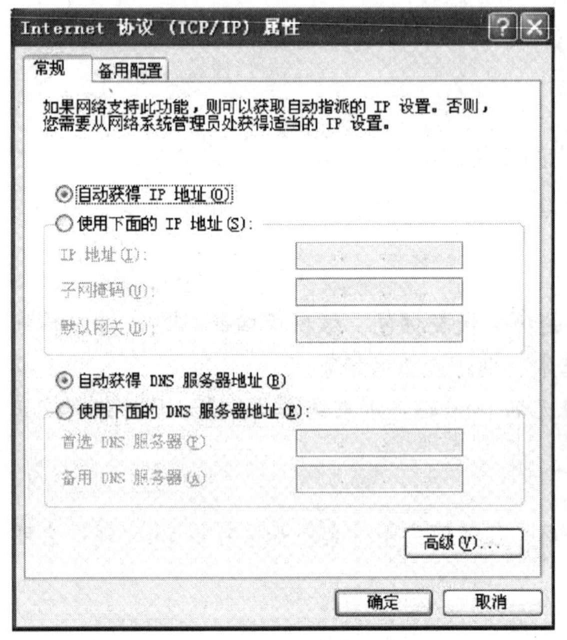

图 2—2—5 “TCP/IP 属性”对话框

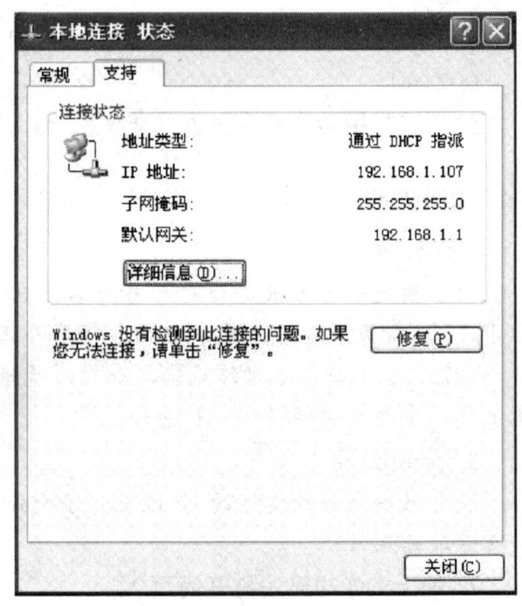

图 2—2—6 “本地连接状态”对话框的“支持”选项卡

3. IP 地址错误

在任务栏中出现“IP 地址错误”提示，致使网络无法连接。Windows XP 系统中，在桌面的“网上邻居”图标上单击鼠标右键，从快捷菜单中选择“属性”命令，打开“网络连接”窗口，如图 2—2—7a 所示。Windows 7 系统中，在桌面的“网络”图标上单击鼠标右键，从快捷菜单中选择“属性”命令，打开“网络和共享中心”窗口，如图 2—2—7b 所示。单击“更改适配器设置”选项，打开“网络连接”窗口。

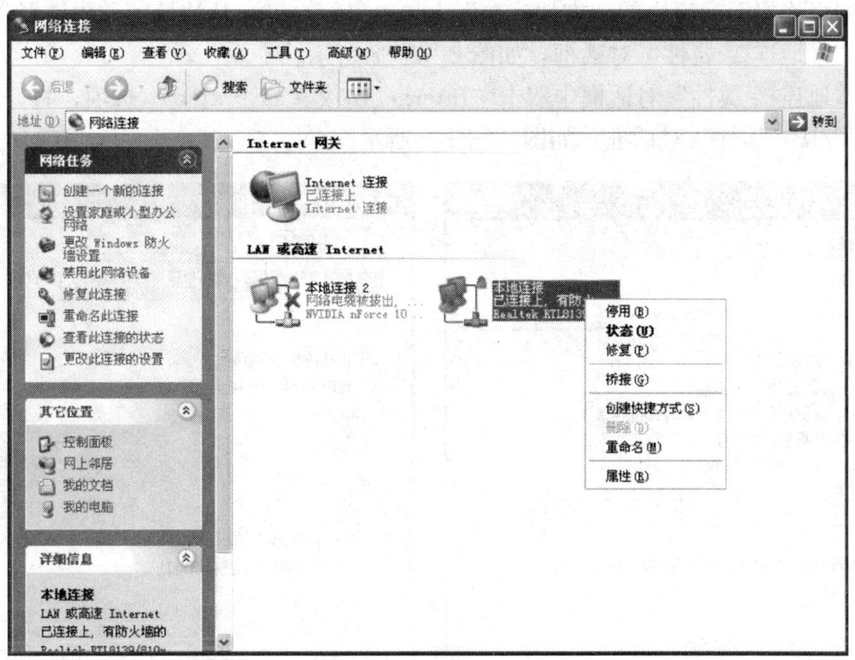

a)

b)

图 2—2—7　网络和共享窗口

a）Windows XP 系统中　b）Windows 7 系统中

在“网络连接”窗口中的“本地连接”上单击鼠标右键，从快捷菜单中选择“属性”命令，打开“本地连接 属性”对话框，如图 2—2—8 所示。

在“本地连接 属性”对话框中双击“Internet 协议（TCP/IP）”选项，打开“Internet 协议（TCP/IP）属性”对话框，如图 2—2—9 所示。

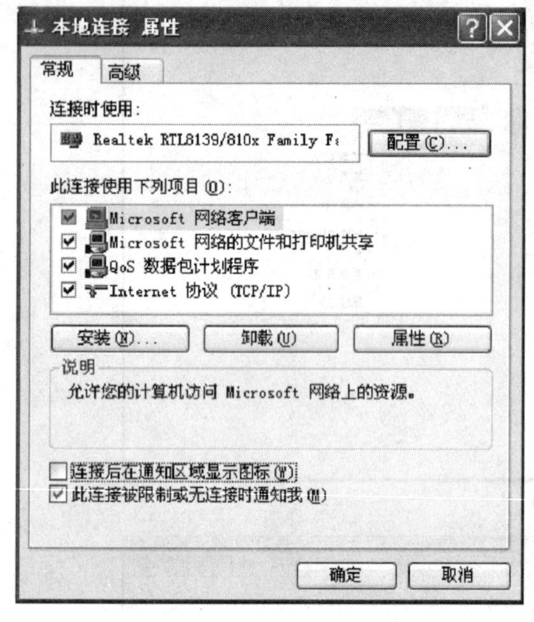

图 2—2—8　“本地连接 属性”对话框

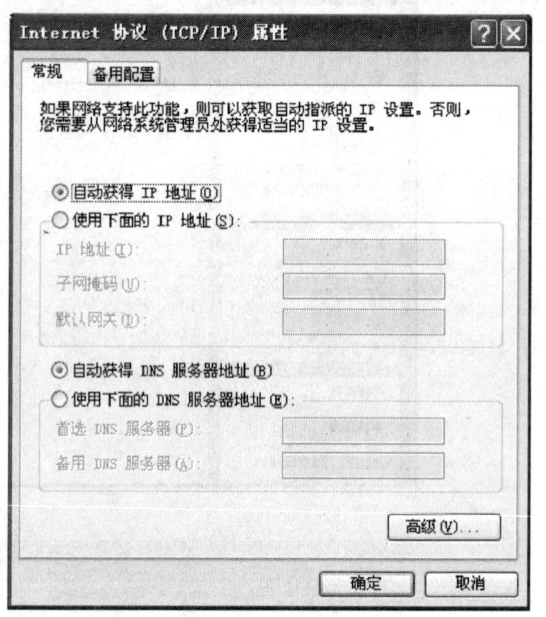

图 2—2—9　“Internet 协议（TCP/IP）属性”对话框

在“Internet 协议（TCP/IP）属性”对话框中，根据计算机实际的网络连接方式修改 IP 地址（局域网中的计算机选择“使用下面的 IP 地址”单选按钮，广域网中的计算机选择“自动获取 IP 地址”单选按钮），最后单击“确定”按钮即可修改 IP 地址，IP 地址更改完毕之后，需要重启计算机才能生效。

小提示

“Internet 协议（TCP/IP）属性”对话框中各选项含义如下。

1. 使用下面的 IP 地址（S）：选择此项后，需要进行一系列的 IP 地址配置，主要用于配置局域网 IP 地址。

（1）IP 地址（I）：本地计算机在局域网中的 IP 地址，这个 IP 地址必须在默认网关允许的字段范围之内，例如，默认网关（路由器）只能在 192.168.0.1～192.168.0.255 字段之间合法，那么 IP 地址（I）就只能在该字段范围之内。

（2）子网掩码（U）：用于声明哪些字段属于公网位标识，哪些字段属于局域网位标识，默认为 255.255.255.0。

（3）默认网关（D）：所处的局域网服务器的 IP 地址（路由器的 IP 地址），通常局域网服务器（路由器）的默认 IP 地址为 192.168.0.1 或 192.168.1.1。

2. 使用下面的 DNS 服务器地址（E）：可以手动添加当地的 DNS 服务器解析地址，但在使用路由器的情况下可以不用设置，直接为空，因为通常路由器自带开启 DHCP 服务器自动分配的功能，每次开启路由器，DHCP服务器都会向路由器分配一个合适的DNS解析地址，该地址保存在路由器中。

(1) 首选DNS服务器（P）：手动设置默认的DNS服务器解析地址，用于每次开机计算机会向该DNS服务器请求分配一个IP地址。

(2) 备用DNS服务器（A）：手动设置的备用DNS服务器解析地址，一旦首选DNS服务器无法分配IP地址时，就会向备用DNS服务器发出分配请求。

4. 找不到指定的网络适配器

(1) 网卡被禁用：在“网上邻居”图标上单击鼠标右键，在快捷菜单中选择“属性”命令，打开“网络连接”窗口，启用“本地连接”。

(2) 网卡接触不良或损坏：重新拔插或更换网卡。

5. 宽带连接不上

(1) 检测系统TCP/IP协议是否正常

如果在ping 127.0.0.1时，收到错误信息回馈，即说明系统本身的TCP/IP网络协议可能存在问题，需要重新安装TCP/IP协议。

(2) 检查本机网卡是否有故障

先用ipconfig命令查到本机IP地址信息，再ping本机IP地址，如果ping本机IP地址不成功，可能有以下几种原因。

1) 网卡驱动故障或丢失。可以检查计算机的硬件设备管理器中的网卡驱动是否正常(如叹号、问号)，如有未安装的驱动或者驱动显示不正常，建议安装或更新驱动。

2) 网卡被禁用。检查硬件设备管理器中网卡有没有被禁用，如有把网卡重新启用。

3) 网卡硬件故障。如果网卡驱动正常，也处于启用状态，建议更换网卡。

(3) 检查网线是否连接好，或者网线是否有故障

分别检查从网卡到路由器、路由器到光纤或ADSL Modem之间的网线是否连接好，线路是否有破损等情况。

(4) 检查路由器

用ping命令来测试路由器是否处于正常工作状态。通常情况下，路由器的地址为192.168.0.1或192.168.1.1。

如果用ping命令测试路由器不正常，比如时间响应值很大，或者ping测试不成功，说明路由器可能已经出现故障。把路由器的电源拔掉，然后重新插上电源，强制启动路由器，同时把计算机也重新启动一次。如果强制启动路由器不成功的话，建议更换路由器。

(5) 检查Modem接入设备

检查Modem的指示灯状态。如一般的ADSL Modem上都有Power、ADSL、LAN几个指示灯，它们具有不同的指示意义。

Power：电源指示灯。如果Power灯不亮，说明设备硬件故障。

ADSL：用于显示Modem的同步情况，常亮绿灯表示Modem正常工作，红灯表示工作；闪动绿灯表示正在建立连接。

LAN：用于显示Modem与网卡或路由器的连接是否正常，如果此灯不亮，则Modem与计算机之间不通，当网线中有数据传送时，此灯会闪动。

小提示

Windows 7 系统提供自动修复网络故障的功能。用户在使用网络过程中可以通过自动检查和修复网络故障程序完成网络故障的检查和修复。方法如下：

1. 在通知区域的“网络”图标上单击鼠标右键，在快捷菜单中“打开网络和共享中心”命令。打开“网络和共享中心”窗口，如图 2—2—10 所示。

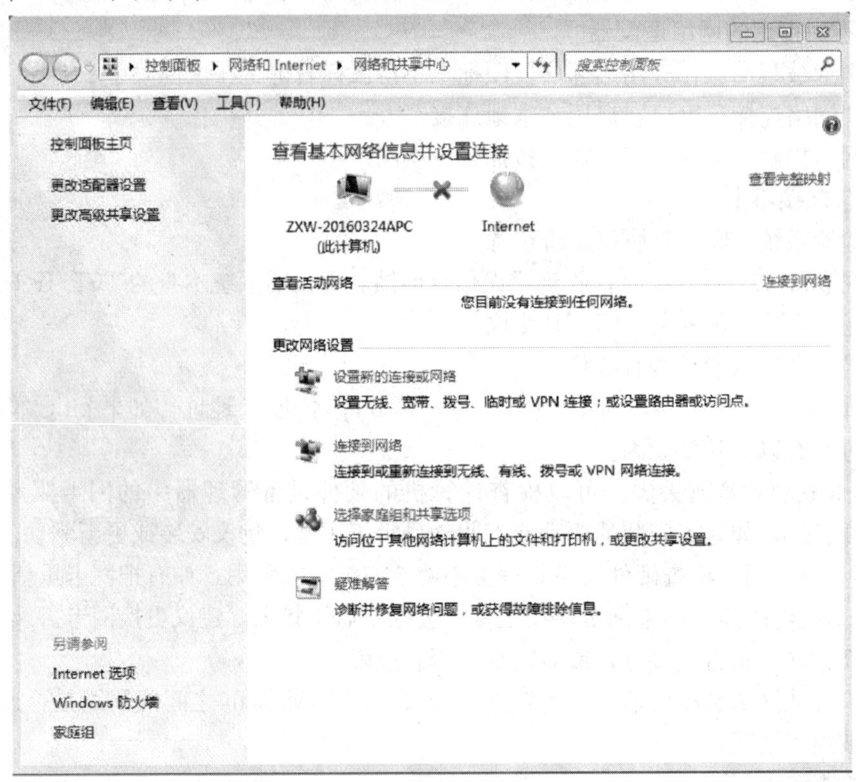

图 2—2—10 “网络和共享中心”窗口

2. 单击“疑难解答”按钮，随后系统自动列出当前相关的网络，从中选择要检查的疑难故障。例如，计算机无法连接 Internet，则单击“Internet 连接”选项，如图 2—2—11 所示。在出现的对话框中单击“下一步”按钮，并在下一个对话框中单击“连接到 Internet 的疑难解答”按钮。

3. 系统开始检查计算机的网络连接和设置状况，显示出可能导致故障的问题，如图 2—2—12 所示。用户可根据提示进行相应处理。

三、网络故障原因

网络故障的现象多种多样，原因也不尽相同，总体来看，网络故障主要由硬件和软件两大原因引起。

1. 硬件原因

网络设备是否正常连接、网卡是否正常安装、网络线路是否存在断路、线路和网络模块的连线是否正确、网络设备（如交换机、路由器）电源和连接端口是否正常、线路和网络设

图 2—2—11　选择“Internet 连接”选项

图 2—2—12　网络连接故障的疑难解答报告

备的工作环境（如温度、湿度、电磁干扰）等诸多因素都可能引起网络故障。具体到某台计算机，网络故障的硬件原因主要有网卡自身故障、网卡未正确安装、网络线路故障等。

2. 软件原因

网卡驱动程序、网络协议、IP 地址分配、路由器及交换机配置等因素都可以引起网络故障。通常表现为无法正常浏览网页、网络连接时断时续、网速不稳定或缓慢等。具体到某台计算机，网络故障的软件原因主要有网络属性配置、网络协议设置、计算机防火墙软件设置有误等。

检修方法

一、网络故障排除思路

1. 检查网络连接问题

首先检查网卡的指示灯是否亮，如果不亮表示线路出现故障，包括网卡自身是否正常、安装是否正确、网络线路是否有故障。否则需要查看计算机中的 IP 参数配置是否正确。

2. 检查是网卡问题还是 IP 参数配置问题

(1) 在桌面的“网上邻居”上单击鼠标右键，在快捷菜单中选择“属性”命令，查看“我的连接”是否为灰色，若为灰色，可能是网卡被禁用了或驱动有问题。

(2) 用 ping 和 ipconfig 命令测试 IP 参数是否正确。

3. 检查本机软件配置

查看系统安全设置与应用程序之间是否存在冲突。

4. 确定是否为本机安全问题

确定是否是病毒、黑客和系统漏洞等计算机安全问题引起的故障。

二、网络故障排除流程

网络故障可按以下流程进行排除，如图 2—2—13 所示。

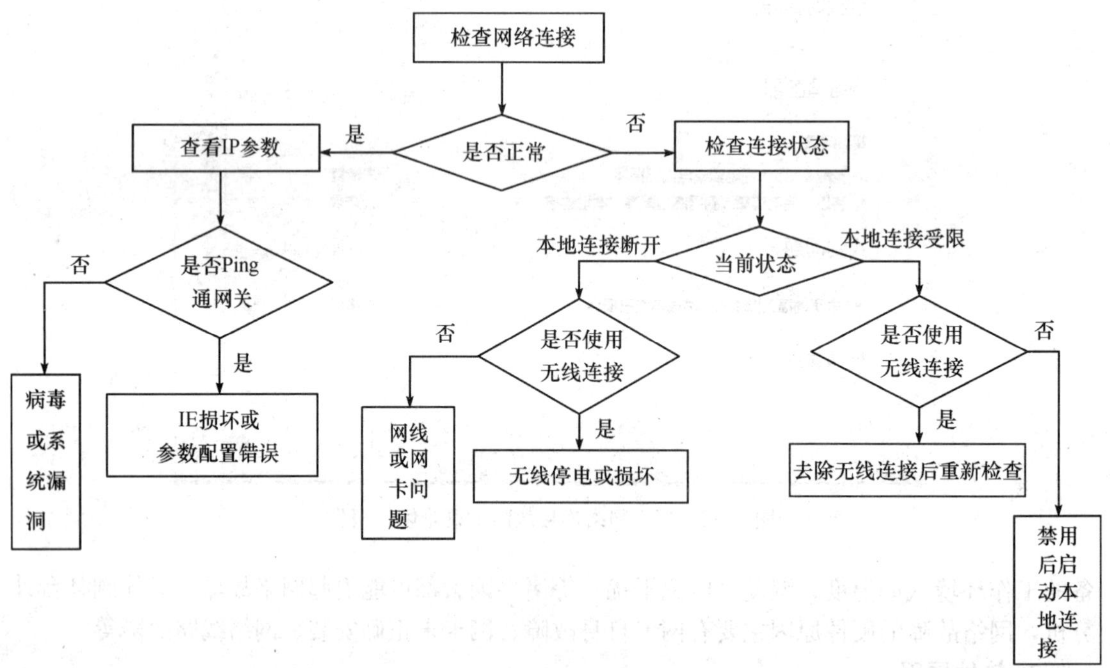

图 2—2—13　网络故障排除流程

检修案例

【案例 1】

故障现象：上网时突然断网，重新启动计算机后还会出现断网现象，反反复复。

故障分析：排除网络问题后，怀疑计算机中了病毒。

故障处理：在网络连接的安全模式下，用 360 杀毒软件查杀病毒后，重启计算机，故障不再出现。

【案例 2】

故障现象：上网时 ADSL Modem 和无线路由器突然断电，重新启动计算机后，笔记本搜索不到无线网络信号，不能上网。

故障分析：网络设备意外断电，问题可能出在 ADSL Modem 或无线路由器上。

故障处理：将 ADSL Modem 直接连到计算机，计算机可连接网络且运行稳定，因此问题应该出在无线路由器上。将 ADSL Modem 和无线路由器重新连接好后，重启计算机，计算机上的无线网卡提示发现网络并正常连接，可以正常上网。可是持续时间不长，无线网卡忽然提示“无法发现网络”。一会儿后，网卡又提示发现了网络，如此反复。重新启动计算机，故障依然存在。

仔细观察路由器，发现 ADSL Modem 的 DSL 指示灯提示网络连接后约半分钟，路由器的 LAN 端口指示灯忽然一齐闪动，然后系统指示灯闪动，显示路由器自动重启。由此断定 ADSL Modem 正常，怀疑路由器上的 WLAN 端口有问题，更换端口，故障解决。

【案例 3】

故障现象：计算机和路由器都正常，计算机无法正常连接到网络，而局域网中的其他计算机可以连接到网络。

故障分析：有些 ISP 为了限制接入用户的数量，而在认证服务器上对 MAC 地址进行绑定，不在绑定范围内的用户不能正常连接网络。

故障处理：将绑定了 MAC 地址的计算机连接到路由器的 LAN 端口（注意：路由器不要连接 Modem 或 ISP 提供的接线），然后采用路由器的 MAC 地址克隆功能，将该网卡的 MAC 地址复制到宽带路由器的 WAN 端口。在未被绑定的计算机上执行“开始”→“运行”命令，在“运行”对话框中输入“cmd/k ipconfig/all”，打开命令提示符窗口，其中“Physical Address”就是本机 MAC 地址，如图 2—2—14 所示。将该地址绑定出现故障的计算机，故障排除。

【案例 4】

故障现象：使用 IE 浏览器浏览某网页时，出现“该程序执行了非法操作，即将关闭……”的错误提示对话框，单击“确定”按钮后弹出另一个对话框，提示“发生内部错误……”。单击“确定”按钮，所有的 IE 窗口被关闭。

故障分析：该错误产生原因可能是内存资源占用过多、IE 安全级别设置与浏览的网站不匹配、与其他软件发生冲突、浏览网站本身含有错误代码等。

故障处理：排除过多的 IE 窗口占据大量内存，然后执行“工具”→“Internet 选项”命令，选择“安全”选项卡，如图 2—2—15 所示。

```
C:\WINDOWS\system32\cmd.exe
        Default Gateway . . . . . . . . . :

Ethernet adapter 本地连接:

        Connection-specific DNS Suffix  . :
        Description . . . . . . . . . . . : Realtek RTL8139/810x Family Fast Eth
ernet NIC
        Physical Address. . . . . . . . . : 00-E0-4D-F4-28-8C
        Dhcp Enabled. . . . . . . . . . . : Yes
        Autoconfiguration Enabled . . . . : Yes
        IP Address. . . . . . . . . . . . : 192.168.1.107
        Subnet Mask . . . . . . . . . . . : 255.255.255.0
        Default Gateway . . . . . . . . . : 192.168.1.1
        DHCP Server . . . . . . . . . . . : 192.168.1.1
        DNS Servers . . . . . . . . . . . : 222.222.222.222
                                            222.222.202.202
        Lease Obtained. . . . . . . . . . : 2016年1月16日 21:44:55
        Lease Expires . . . . . . . . . . : 2016年1月16日 23:44:55

Ethernet adapter 本地连接 2:

        Media State . . . . . . . . . . . : Media disconnected
        Description . . . . . . . . . . . : NVIDIA nForce 10/100 Mbps Ethernet
        Physical Address. . . . . . . . . : 00-E0-4C-06-D3-D0
```

图 2—2—14　本机 MAC 地址

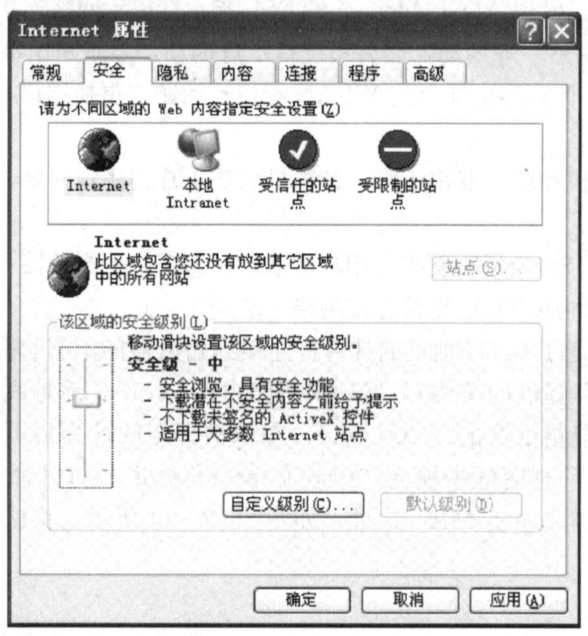

图 2—2—15　“Internet 属性”对话框的“安全”选项卡

单击“默认级别”按钮，拖动滑块降低默认的安全级别，单击“确定”按钮，再次启动 IE 浏览器后故障消除。

小提示

为减少网络故障出现，使用计算机时应养成以下习惯：

1. 提高网络安全防范意识，提高口令的可靠性。

2. 为主机加装最新的操作系统补丁程序，以防止可能出现的漏洞。

3. 安装杀毒软件和防火墙、防黑客程序等并及时更新。

4. 养成良好的上网习惯，不浏览不良网站和邮件。

5. 学习网络安全知识，远离黑客攻击。

任务3 死机故障

学习目标

1. 了解计算机常见死机故障现象。
2. 掌握引起计算机死机故障的原因。
3. 能正确检测并排除系统运行中的死机故障。

任务描述

“死机故障”是指计算机使用过程中频繁出现的画面停顿，无论进行什么样的操作都无济于事，只能重新启动计算机才可恢复正常。由于该故障比较常见，并且缺少规律性，本任务从引起死机故障的原因入手进行诊断和排除。

相关知识

一、死机故障常见现象

1. 运行应用程序时，出现画面“定格”无反应现象。
2. 程序运行后鼠标键盘均无反应。
3. 运行某一特定程序或游戏软件时死机。
4. 计算机睡眠后再次唤醒时长时间没有反应。
5. 插入USB移动硬盘或U盘时死机。
6. 接入某外设时无法启动或在启用该外设时死机。
7. 关机时死机，必须强行手动才能关机。
8. 在光驱中放入光盘时，计算机长时间无反应。

二、死机故障原因

造成计算机死机故障的因素有很多，进行归类后主要有以下原因。

1. 环境因素

计算机对环境的要求主要包括：温度、湿度、灰尘、电网干扰、电磁冲击、外界震动冲击、静电、供电系统、接地系统等。其中温度、湿度、静电、灰尘、供电系统对计算机的正常运行影响最大。

2. 软件原因

软件系统引起的随机死机包括“计算机病毒破坏”“软件不兼容与系统冲突”两大类，具体情况如下。

(1) 病毒感染：病毒可以使计算机的工作效率急剧下降，造成频繁死机。

(2) 非法操作：用非法格式或参数，非法打开或释放有关程序，也会导致计算机死机。

(3) 硬盘剩余空间太少或碎片太多：由于一些应用程序运行需要大量的内存，需用磁盘空间提供虚拟内存，如果硬盘的剩余空间太少，难以满足软件的运行需要，就容易造成死机。

(4) 动态链接库文件（DLL）丢失：扩展名为 DLL 的动态链接库文件从性质上是属于共享类文件。如果在删除一个应用程序时将一个共享文件一并删除，特别是比较重要的核心链接文件被删除，系统就会死机，甚至崩溃。

(5) 软件升级或安装不当：在软件的升级过程中会对其中共享的一些组件进行升级，但其他程序可能不支持升级后的组件，因而出现死机现象。或者在安装新的应用程序时出现一些文件覆盖提示，对文件进行了覆盖，导致运行应用程序时出现死机现象，建议在安装新的应用程序时不对任何文件进行覆盖操作。

(6) 使用盗版软件：盗版软件可能隐藏病毒，一旦执行会自动修改系统，使系统在运行中出现死机。

(7) 启动的程序太多：在计算机使用过程中打开应用程序过多，占用了大量的系统资源，致使在使用过程中出现资源不足现象，也容易引起死机。

(8) 设置省电功能导致显示器频繁黑屏死机：在 BIOS 设置中将节能时间设置得过短，或者屏幕保护程序中设置的屏幕保护时间太短。

(9) 非法卸载软件：没有通过正常渠道卸载软件，而直接将软件安装目录删除，致使无法清除注册表及 Windows 目录中相应的链接文件，导致系统变得不稳定而引起死机。

(10) 非正常关闭计算机：不要直接使用机箱电源按钮强行关闭计算机，这样容易造成系统文件损坏或丢失，发生自动重启或运行时死机现象。

3. 硬件原因

硬件系统引起的死机包括“板卡接触不良或质量问题引起设备运行不稳定”“散热不良致使 CPU 或显卡芯片温度过高而死机”，具体情况如下。

(1) 移动不当：在计算机移动过程中受到较大震动，常常会使计算机内部器件松动，从而导致接触不良，引起计算机死机。

(2) 硬件超频造成运行时死机：超频后计算机能够正常启动，说明超频是成功的，但由于超频后硬件会产生大量的热量，热量无法及时散发而造成死机。

(3) 灰尘：计算机内灰尘过多也会引起死机故障。

(4) 硬盘故障：硬盘老化或由于使用不当造成坏道、坏扇区，致使运行时发生死机故障。

(5) 硬件资源冲突：例如声卡或显卡的设置冲突引起异常错误，其他设备的中断、DMA 或端口出现冲突，导致少数驱动程序产生异常而引起死机故障。

(6) 劣质硬部件：使用质量低劣的板卡、主板、打磨过的 CPU、内存条等，计算机在运行时不稳定，容易发生死机故障。

三、死机故障的检测方法

产生计算机系统运行死机的原因复杂多样，有硬件、系统程序、应用软件及操作习惯等因素。在遇到死机故障时，应遵循“先简单后复杂”“先软后硬”的原则，先排除人为操作，再考虑软件故障，软件故障重点放在驱动程序的安装及应用软件的安装上，最后查找硬件方面的原因。硬件问题可以通过系统属性中的设备管理或者 Windows 操作系统附件中的系统信息进行查找。

1. 首先查看计算机中打开的应用程序是否太多，如果太多则关闭暂时不用的应用程序。

2. 若还是不能恢复正常，应查看是否对某些软件进行了升级。如果是，应该卸载该软件再重新安装。

3. 如果没有升级软件，应检查是否有非法卸载软件或误操作。如果是，应重新安装软件。

4. 如果没有卸载软件或误操作，应该使用杀毒软件查杀病毒，查看是否有病毒破坏。如有病毒，使用杀毒软件将病毒杀掉。

5. 如果计算机无病毒，应查看硬盘空间是否太小。如果是，删除不用的文件并进行磁盘碎片整理。

6. 如果硬盘空间不小，应观察死机现象有无规律。如计算机总是在运行一段时间后死机或者运行较大的游戏软件时死机，可能是由 CPU 等设备散热不良造成，此时，应打开机箱查看 CPU 风扇是否转动、风力大小。如果风力不足，应及时更换风扇，改善散热环境。

7. 如果计算机散热良好，应该使用硬件测试工具软件对计算机进行测试，查看硬件的品质和质量。如果是硬件的品质和质量不好造成的死机，就更换硬件。

8. 最后检查有无硬件设备冲突（设备冲突一般在“设备管理器”中用黄色“!”标出）。如果有，将其删除或重新设置。

检修方法

一、死机故障排除

1. 排除系统“假”死现象

检查电源是否插好，主机、显示器电源插头是否可靠地插入电源插座，以及各 I/O 插槽插接是否正确、各外设接口接触是否良好、线缆连接是否正常。

2. 排除因使用、维护不当引起的死机现象

计算机在使用一段时间后，因为使用、维护不当而引起死机故障的原因有以下几点。

（1）积尘导致系统死机

灰尘是计算机故障的大敌，过多的灰尘附着在 CPU、芯片、风扇的表面，会导致元件散热不良；电路印刷板上的灰尘在潮湿的环境中常常导致短路。这两种情况均会导致死机。可以使用毛刷将灰尘扫去，或用棉签蘸无水酒精清洗积尘元件，清洗过程中不要将毛刷和棉签的毛留在电路板和元件上。

（2）部件受潮

长时间不使用计算机会导致部分元件受潮不能正常使用。可使用电吹风的低热挡均匀地对受潮元件“烘干”，不要对元件的某一部分加热太久或温度太高，避免烤坏元件。

（3）板卡引脚氧化导致接触不良

将板卡拔出，用橡皮擦轻轻擦拭引脚表面，去除氧化物，重新将其插入插槽。

3. 病毒或杀毒引起的软件运行死机

用无毒干净的系统盘引导系统，然后运行防病毒软件的最新版本对硬盘进行检查，排除因病毒引起的死机现象。如果在杀毒后引起了死机现象，这是因为病毒破坏了系统文件、应用程序及关键的数据文件，或者杀毒软件在消除病毒的同时对正常的文件进行了误操作，破坏了正常文件的结构，需要将损坏的系统或软件重新安装。

4. 软件安装引起的死机现象

如果在软件安装过程中死机，可能是系统配置与安装的软件发生冲突，可通过卸载软件的方法进行排除。如果在软件安装后发生了死机故障，可能是安装的程序与系统发生冲突，此时应该删除新安装的程序，恢复系统在安装前的各项配置。

二、死机故障排除流程

对于死机故障，要区分是正常情况下偶尔出现死机故障且逐渐加重，还是突然出现死机后故障频繁出现，还是进行某种操作后故障频繁出现。针对不同的现象采用不同的方法，具体流程如图 2—3—1 所示。

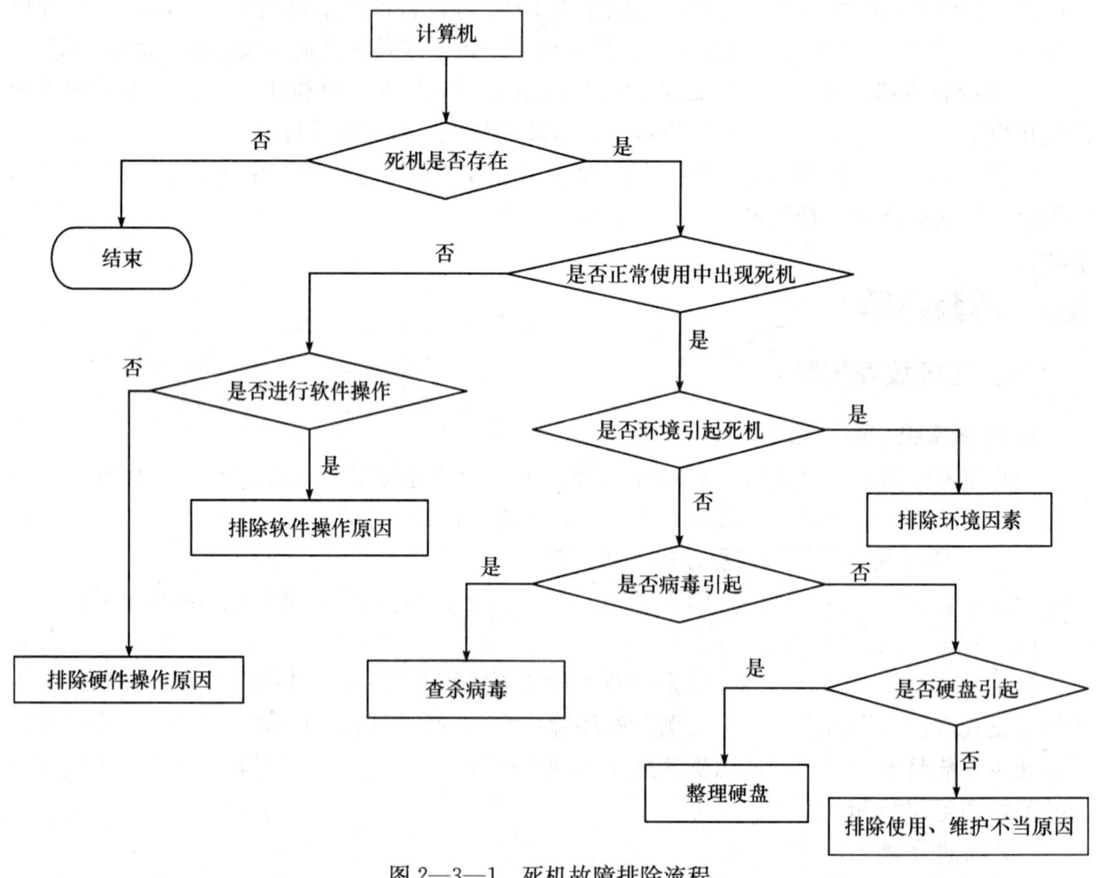

图 2—3—1　死机故障排除流程

检修案例

【案例 1】

故障现象：QQ 等其他软件都能正常运行，但运行 IE 浏览器就会死机。

故障分析：QQ 或操作其他软件能正常运行，运行 IE 浏览器就会死机，因此排除了计算机硬件和网络问题，怀疑 IE 浏览器程序自身出现了问题。

故障处理：根据故障排除流程，初定为病毒引起的故障。因此，在安全模式下进行杀毒，使用 360 清理工具清理插件，然后下载修复工具修复 IE 浏览器。重启计算机，打开 IE 浏览器时，故障不再出现。

【案例 2】

故障现象：一台老式计算机在使用过程中频繁死机。

故障分析：先排除环境因素，认为感染病毒引起死机现象，经查杀后未发现任何病毒。又怀疑是硬盘碎片过多，导致系统不稳定，但整理硬盘碎片，甚至格式化 C 盘重做系统，一段时间后又出现反复死机现象。此时，考虑硬件自身问题，考虑老主板不能扩充内存，刚刚更换主板，所以排除主板与内存的不兼容问题，但扩充的内存与原来的旧内存品牌一样、容量不同，怀疑两条内存之间不兼容。

故障处理：取下一条内存只使用一条，问题解决。原因是两内存条不兼容导致的，所以一般扩充内存时最好用同品牌、同频率的内存条。

小提示

为避免死机故障发生，使用计算机时要养成以下习惯：

1. 定期定时整理硬盘。
2. 尽量避免非正常关机，减少重要文件“. VXD”“. DLL”丢失。
3. 如果内存空间不够大，尽量避免多个大型程序同时运行。
4. 尽量不要手工卸载或删除程序，减少非法替换文件和文件指向错误的出现。
5. 杀毒软件要经常升级且能够实时监控。
6. 合理划分磁盘空间，定期整理硬盘、清除硬盘中的垃圾文件。

任务 4　自动重启故障

学习目标

1. 了解计算机自动重启的原因。
2. 掌握计算机自动重启故障的排除方法。
3. 能正确检测并排除计算机自动重启故障。

任务描述

“自动重启故障”是指计算机使用过程中频繁出现的重新启动现象，此故障比较常见，故障现象也不确定。本任务从故障原因入手对不同自动重启故障进行诊断和排除。

相关知识

引起计算机自动重启的原因很多，归类后主要有“软件原因”“硬件原因”和“其他原因”等。

1. 软件原因

（1）病毒破坏。比较典型的是“三波”病毒。所谓“三波”病毒，即冲击波、震荡波、急速波病毒。其中“冲击波”病毒是第一个利用微软 RPC 漏洞进行传播的蠕虫病毒，攻击了全球约 80%的 Windows 用户。计算机中了“三波”病毒中的任何一种，都会使计算机无法工作并反复重启，或在弹出“系统关机”警告提示后自动重启等，如图 2—4—1 所示。

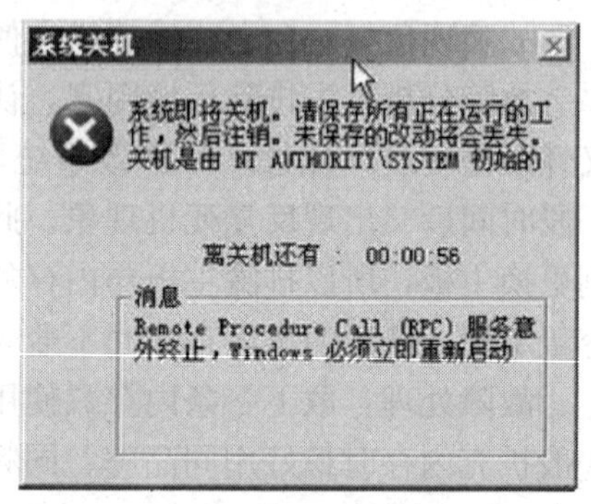

图 2—4—1 “系统关机”警告标志

（2）系统文件损坏。在卸载软件过程中误删除了系统文件，导致系统无法完成初始化而自动重新启动。

（3）驱动不兼容问题。驱动程序与硬件不兼容也会引起计算机的自动重启。

2. 硬件原因

（1）电源功率不足。

（2）内存稳定性不好、芯片损坏或设置错误。

（3）CPU 温度过高。CPU 温度过高主要是机箱散热系统设计不合理、CPU 散热不良导致的。CPU 散热不良的原因有：散热器的材质导热率低、散热器与 CPU 接触面之间有异物、风扇转速不够、风扇和散热器积尘过多等。由于计算机主板 BIOS 中设有 CPU 保护系统，当 CPU 温度超过设置的保护温度值时，就会引起保护性重新启动。

（4）AGP 显卡、PCI 卡（网卡、猫）引起的自动重新启动。

（5）并口、串口、USB 接口接入故障或者接口与外设不兼容。

（6）机箱前板 RESET 开关存在问题。

（7）硬盘上有坏道。

3. 其他原因

（1）电压不稳定。

（2）强电磁干扰。

（3）插排或电源插座的质量差，接触不良。

（4）积尘太多导致主板、CPU 散热性不好，如图 2—4—2 所示。

图 2—4—2　主板积尘过多

检修方法

引起计算机自动重启的因素很多，一般按“病毒→软件（操作系统）→电源→内存→硬盘→主板→CPU”的顺序，采用排除法逐一进行排查。

一、病毒

对于病毒引起的自动重启故障，可按下面步骤进行处理。

第一步，首先在弹出“系统关机”提示框时，快速执行“开始”→“运行”命令，在“运行”对话框中键入“shutdown－a”，如果可以阻止住关机，继续执行第三步，否则执行第二步。

第二步，如果无法阻止关机，可以在计算机重新启动时按【F8】键，如果不能进入安全模式，需要还原系统或重新安装操作系统。如果能进入安全模式，执行第四步。

第三步，找一个可以上网的计算机，或者在重启对话框没有弹出的时候，下载系统补丁，接着执行第四步。

第四步，为系统补漏洞，使用杀毒软件清除病毒、木马，如果病毒不能清除，下载专门的杀毒工具进行查杀。

二、软件

1. 软件不兼容

有些软件彼此不兼容，存在冲突，导致计算机重新启动。此时应使用工具查出起冲突的软件并卸载。

2. 系统文件损坏

系统文件丢失或损坏也会引起计算机自动重启。这种情况一般需要修复损坏的文件或重新安装系统。

重新启动计算机，Windows XP 系统中，在桌面的“我的电脑”图标上单击鼠标右键，在弹出的快捷菜单中选择“属性”命令，在“系统属性”对话框中选择“高级”选项卡。在“启动和故障恢复”选项中单击“设置”按钮，打开“启动和故障恢复”对话框，去掉“系统失败”中的“自动重新启动”复选框的选择，如图2—4—3a所示。Window 7系统中，在桌面的“计算机”图标上单击鼠标右键，在弹出的快捷菜单中选择“属性”→“高级系统设置”命令，如图2—4—3b所示。在“系统属性”对话框中选择“高级”选项卡，在“启动和故障恢复”选项中单击“设置”按钮，打开“启动和故障恢复”对话框，去掉“系统失败”中的“自动重新启动”复选框的选择。

再次重启计算机，如果计算机无法进入桌面，则需要重新安装操作系统。

3. 定时软件或计划任务起作用

如果软件设置了自动重启或者计划任务设置了定时功能，定时时刻到来，计算机就会自动重新启动。执行“开始”→“运行”命令，在“运行”对话框中输入“msconfig”命令，单击“确定”按钮，打开“系统配置实用程序”或“系统配置”对话框，选择“启动”选项卡，如图2—4—4所示。检查其中有无定时工作程序，屏蔽定时工作程序后再重启系统进行检查。

4. 服务设置起作用

执行“开始”→“运行”命令，在“运行”对话框中输入“services. msc”命令，单击“确定”按钮，打开“服务”窗口，如图2—4—5所示。

在“服务”窗口中选择服务内容，单击鼠标右键，从快捷菜单中选择“属性”命令，打开“服务属性”对话框，选择“恢复”选项卡，查看“选择服务失败时计算机的反应”项中是否选择“重新启动计算机”选项。如果是，则取消此项选择，如图2—4—6所示。

三、硬件

1. 电源

（1）电源插座质量差、铜片氧化或接触不良可引起计算机自动重启故障。遇此情况要检查电源插座和电源线。

（2）对于计算机升级、增加硬件设备后，或运行占用CPU资源大的软件时，CPU需要大功率供电，电源功率不够超载引起电源保护而停止输出；电源停止输出，负载减轻后，此时电源再次启动。由于保护/恢复间隔的时间很短，所以表现为主机自动重启。此外，品质较差的电源动态反应时间长，也会导致计算机经常性自动重启。对此，应该为计算机更换优质的大功率电源。

（3）电压不稳定：计算机正常工作电压为170～240V，如果计算机和冰箱、空调等大功耗电器共用一条线路，当这些电器启动时，计算机线路的电压会明显下降，计算机就会重新启动。因此，最好把计算机和大功率电器的供电线路分开使用。

2. 内存

（1）内存热稳定性差，当内存温度升高到一定温度，或者内存芯片有轻微损坏，开机可以通过自检，也可以进入系统，但当运行较大的应用程序时会导致重启系统，此时需要更换内存条。

（2）内存的CAS Latency Time值设置得太小也会导致内存不稳定，造成系统自动重新启动。建议采用BIOS的缺省设置，最好不要轻易更改这些设置。

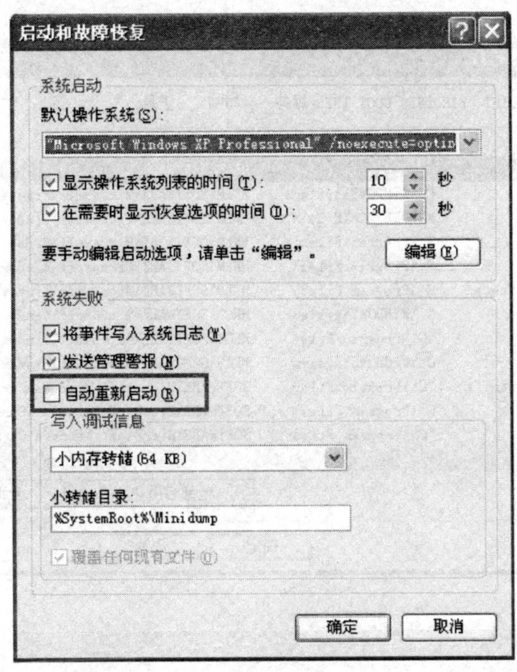

a)

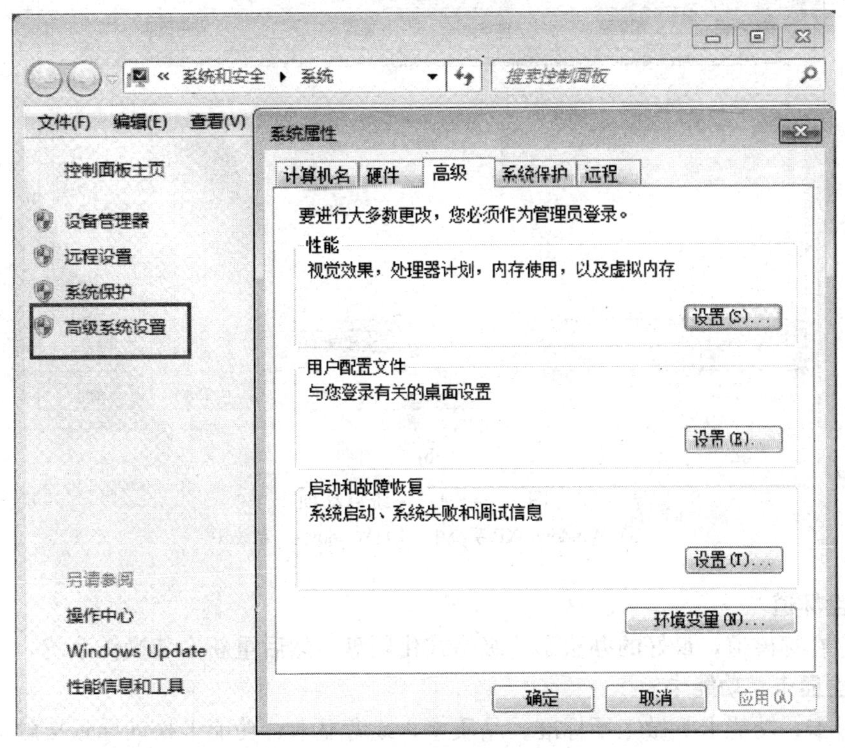

b)

图 2—4—3　“高级系统设置”窗口

a) Windows XP 系统中　b) Windows 7 系统中

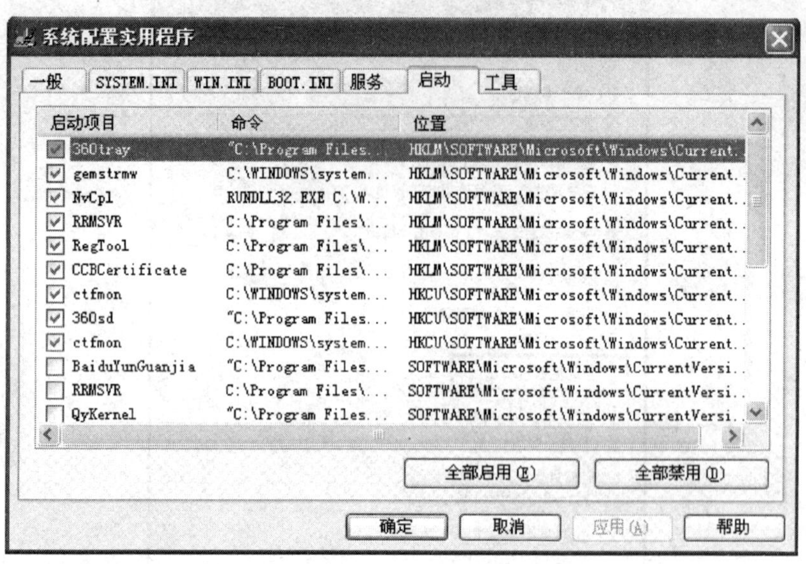

a)

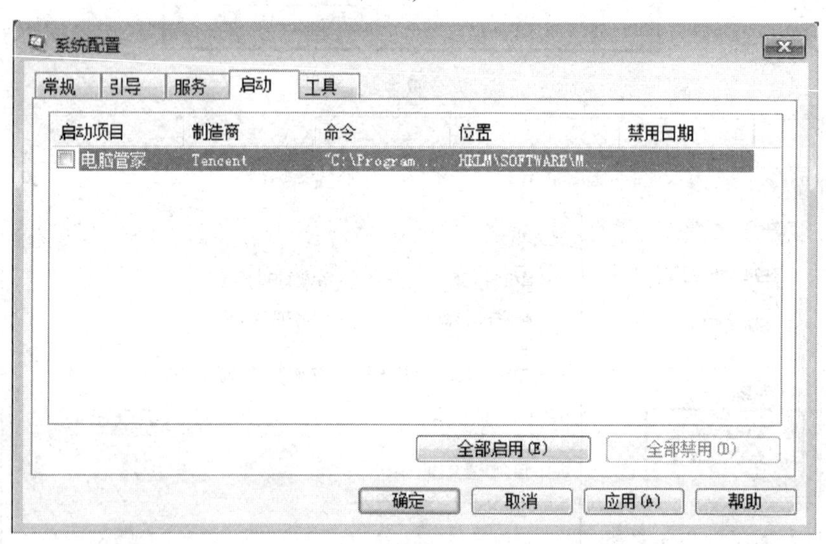

b)

图 2—4—4　系统启动项

a）Windows XP 系统中　b）Windows 7 系统中

3. 硬盘坏道

硬盘存在坏磁道，最好的办法是低级格式化硬盘，然后重新安装操作系统。

4. 独立显卡、功能卡

独立显卡、功能卡等做工不标准、品质差，或者显卡、功能卡松动导致接触不良等都会使系统重新启动。建议重新拔插或更换独立显卡、功能卡。

5. 外设接口

（1）外设有故障或不兼容，例如打印机的并口损坏或某针脚对地短路、USB 设备损坏对地短路、信号电平不兼容等引进系统重新启动。此时应更换接口重试。

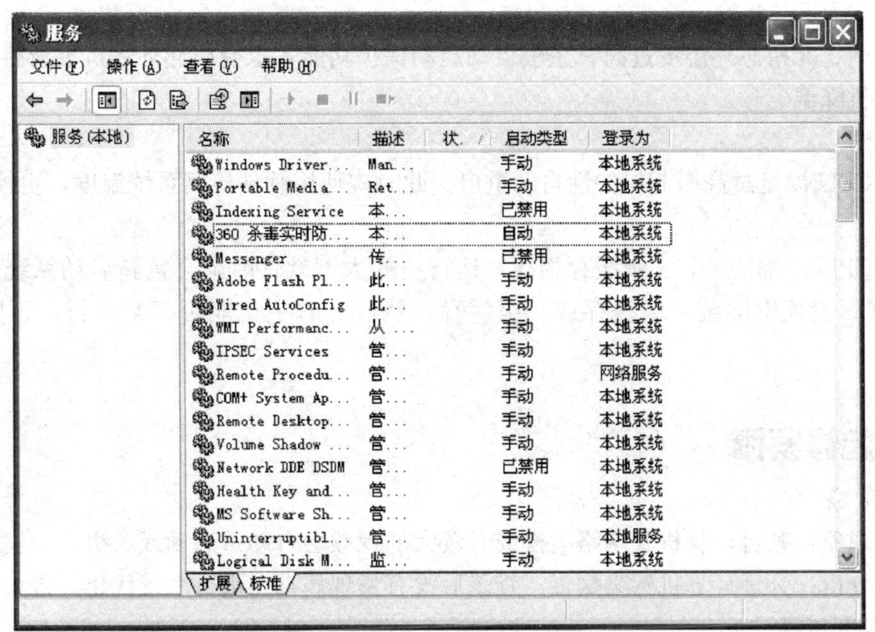

图 2—4—5 “服务”窗口

图 2—4—6 “服务属性”对话框

（2）热插拔外部设备时，抖动过大，引起信号或电源瞬间短路，导致系统重新启动。建议使用外设时动作不要过大，应轻取、稳插拔。

6. 主板

（1）机箱 RESET 按键质量差或积尘太多，导致主板 RESET 线路短路引起自动重启，需要更换 RESET 开关。

(2) 南、北桥芯片温度过高，主板自动启动保护功能，也会引起计算机重新启动，此时应该给主机降温。

7. CPU

(1) CPU 温度过高引起保护性自动重启。此时应使用软件检测系统温度，更换 CPU 风扇。

(2) CPU 内部的一、二级缓存损坏，运行一些大型软件时就会重新启动系统。此时应该在 CMOS 设置中屏蔽二级缓存或一级缓存，然后查看主机能否正常运行。否则需更换 CPU。

检修案例

【案例 1】

故障现象：某台计算机看网络电视或者较大的视频会自动重启动或关机。

故障分析：怀疑计算机感染病毒，查杀后没有发现病毒。进行系统优化，鲁大师软件报告 CPU 温度过高。

故障处理：清理 CPU 风扇灰尘后故障排除。

【案例 2】

故障现象：某台计算机因搬家挪动，在开机后自检正常，出现 Windows XP 启动画面，紧接着光标闪动，快要进入系统时，突然“嘀”的一声重新启动。多次启动后故障依然存在。

故障分析：考虑到搬家之前正常，怀疑在搬家过程中的震动使接插件松动。

故障处理：打开机箱，检查显卡，发现显卡松动，重插后故障排除。

【案例 3】

故障现象：某台计算机不能进入系统，启动至系统开机画面就自动重启。重新安装操作系统后，故障依然存在。对硬盘重新分区、格式化并重新安装操作系统后，故障仍然无法排除。

故障分析：排除了软件原因，可能是硬件引起。

故障处理：首先排除硬盘故障，依次更换内存、显卡、电源后，故障依然存在。然后，进入 BIOS 中将 CPU 二级缓存关闭，保存退出后重新启动系统，可以正常进入系统。最后，更换 CPU 后故障排除。

小提示

为避免自动重启故障发生，使用计算机时要养成以下习惯：

1. 将计算机放置在通风的地方。
2. 定期清洁除尘，进行保养。
3. 做好主板的防尘和防潮维护工作。
4. 注意 CPU 散热问题。
5. 计算机工作时不要轻易移动机箱，预防硬盘磁道划伤。

任务5　硬盘数据丢失故障

学习目标

1. 了解硬盘的日常维护工作。
2. 掌握硬盘数据丢失的常见原因。
3. 能对硬盘数据丢失进行恢复。

任务描述

“硬盘数据丢失故障”是指计算机使用过程中错误地使用硬盘而造成数据丢失的现象。硬盘作为计算机最重要的部件，存储着用户所有信息，数据丢失会给用户带来麻烦，严重的会造成经济损失。本任务对误删除、分区表损坏、误格式化造成的硬件数据丢失故障进行数据恢复。

相关知识

一、硬盘日常维护

为减少硬盘数据丢失，使用计算机时应注意维护好硬盘。硬盘包括传统的机械硬盘和近年来逐渐普及的固态硬盘，机械硬盘仍然是较为常用的一大类型。对于机械硬盘的维护，应做到以下几点。

1. 防尘。操作环境中的灰尘会被吸附到硬盘电路板表面及主轴电机内部，影响硬盘工作，因此应保持环境卫生，减少空气中的含尘量。由于硬盘在工作时磁盘表面与磁头的距离相当小，即使很细微的灰尘粒子也会导致硬盘驱动器发生严重故障，除非合格的专业技术人员在符合条件的洁净室里拆开硬盘盖，其他人不得拆装硬盘盖。

2. 防潮。潮湿环境下使用计算机，电路板表面及主轴电机内部吸附着的灰尘会使绝缘电阻下降，轻则引起工作不稳定，重则会使某些电子器件损坏。因此，要注意保持环境干燥，对不常用的计算机定期开机，靠自身发热产生的热量去除潮湿。

3. 防震。硬盘是高度精密的存储设备，工作时，硬盘磁头与盘面相距仅 0.1～0.5 微米，如果硬盘在进行读/写操作时发生较大震动，磁头就可能与盘面撞击，导致盘片数据区损坏。因此，硬盘工作时严禁搬运和震动，在安装、拆卸过程中要加倍小心，严禁摇晃、磕碰。

4. 防高温。硬盘的主轴电机、寻道电机及其驱动电路工作时都要发热。因此，使用时要严格控制环境温度，必要时可安装专为硬盘散热的风扇。

5. 防磁场。磁场是损毁硬盘数据的隐形杀手。因此，尽可能地使硬盘远离磁场，如音箱、喇叭、电机等，以免硬盘里的数据因磁化而丢失。

6. 防病毒。计算机病毒对硬盘中存储的信息构成很大威胁。因此，应利用较新版本的杀毒软件对硬盘进行定期检测，发现病毒立即清除。尽量避免使用格式化方法“杀毒”，因为硬盘格式化会丢失全部数据并缩短硬盘使用寿命。

7. 防静电。一些大规模的集成电路对静电特别敏感。因此，不要用手接触硬盘外壳的电路板。

8. 定期整理。硬盘在使用一段时间后，由于文件的反复存放、删除，往往会使许多文件在硬盘上占用的扇区不连续，就好像一块块碎片，这样会影响硬盘的运行速度，甚至造成死机或程序不能正常运行。因此，使用过程中应定期进行碎片整理，使计算机系统保持良好的性能。

9. 正确关机。硬盘进行读/写操作时，盘片处于高速旋转状态，转速可达到每分钟 5 400 转至 7 200 转，甚至更高。此时如果突然断电，磁头与盘面会猛烈摩擦造成损坏。所以关闭计算机时，一定要注意机箱面板上的硬盘指示灯，确保硬盘完成读/写操作之后再断电。

小提示

固态硬盘价格越来越低，应用也越来越广泛，除超级笔记本之外，一些新笔记本以及组装计算机也开始普遍采用固态硬盘，使用固态硬盘应注意以下问题。

1. 关闭固态硬盘分区的索引。固态硬盘响应时间非常快，不需要这个功能。

2. 不要在固态硬盘中尝试进行碎片整理。固态硬盘不会产生碎片，这个功能只会增加硬盘的读写次数，缩短固态硬盘的使用寿命。

3. 在固态硬盘中使用 Win7、Win8 或更新的操作系统，不要使用不支持 TRIM 的 Windows XP 系统。

4. 最好把系统分区放在固态硬盘上。

5. 关闭系统休眠。固态硬盘的速度非常快，不需要该功能，关闭该功能还可节省 3 GB 的硬盘空间。方法是：执行“开始”→“运行”命令，在“运行”对话框中输入“power fg—h off”命令，按回车键确认即可。

6. 关闭系统恢复功能。方法是：在计算机属性对话框的“系统保护”选项卡中关闭即可，如图 2—5—1 所示。

二、硬盘数据丢失原因

硬盘数据丢失原因有诸多方面，一般可分为人为原因、环境原因、软件原因、硬件原因等。

1. 人为原因：指使用人员误操作造成的数据丢失。如：误删除文件导致的数据丢失、误格式化或分区操作造成的数据丢失。

2. 环境原因：指硬盘散热不佳，导致硬盘过热，系统蓝屏重启，严重的造成硬盘数据丢失，或者操作时断电、意外电磁干扰等都可能造成数据丢失或破坏。

3. 软件原因：指受病毒感染、分区表损坏、零磁道损坏、硬盘逻辑锁、系统错误或瘫痪等造成文件丢失或破坏，因而造成数据丢失或破坏。

4. 硬盘原因：指存储介质的老化、失效、磁盘划伤、磁头变形、磁臂断裂、磁头放大

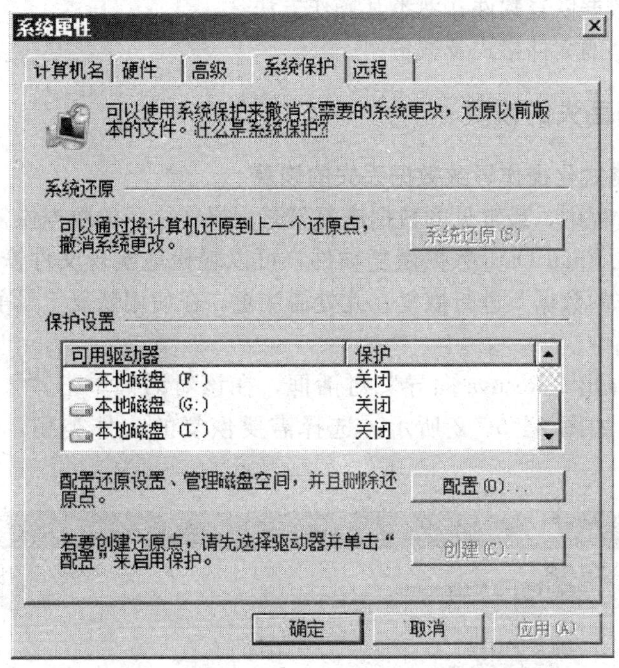

图 2—5—1　系统保护

器损坏、芯片组或其他元器件损坏等造成数据丢失或破坏。

三、数据恢复原理

用户向硬盘存放文件时，系统首先在文件分配表内写上文件名称、大小，并根据数据区的空闲空间在文件分配表上写上文件内容在数据区的起始位置，然后开始向数据区写入文件的真实内容，至此，一个文件存放操作完毕。

删除文件时，系统只是在文件分配表内该文件前面写一个删除标志，表示该文件已被删除，其占用的空间已被“释放”，其他文件可以使用它占用的空间。所以，当用户删除文件又想找回（数据恢复）时，只需用工具将删除标志去掉，数据即可被恢复（前提是没有新的文件写入，该文件所占用的空间没有被新内容覆盖）。

检修方法

对于硬盘本身导致的数据丢失，属于硬盘硬件故障，通常需要配备更为专业的数据处理设备方可进行操作，因此，需交送专业的硬盘售后服务机构进行处理。对于不是硬盘本身导致的数据丢失，可通过选择一些常用的数据恢复工具，借助其内置的扫描技术，对丢失的数据进行重新复原操作。

一、硬盘数据恢复准备

1. 不对丢失数据的硬盘进行数据读写。对丢失数据的硬盘进行数据读写操作（如安装软件、复制粘贴等），很可能在丢失数据的位置重新写入新的数据，影响数据恢复成功率。

2. 选择适合的数据恢复软件并熟悉其操作方法。

3. 记清丢失数据的文件格式及数量。

二、硬盘数据丢失的恢复

1. 误删除、误格式化操作导致数据丢失的恢复

在计算机使用过程中，最常见的数据恢复就是误操作之后的数据恢复。利用一些反删除软件，例如 Recuva、Final Data 数据恢复软件，可以轻松地实现文件恢复。下面用 Recuva 软件对“人为误操作的数据”进行恢复。此处需注意，在使用恢复工具前要查看文件是否已删除，是否在回收站中。

第一次使用会弹出“Recuva 向导”对话框，在该对话框单击“下一步”按钮，打开“文件类型”界面，如图 2—5—2 所示。选择需要恢复的文件类型，单击“下一步”按钮。

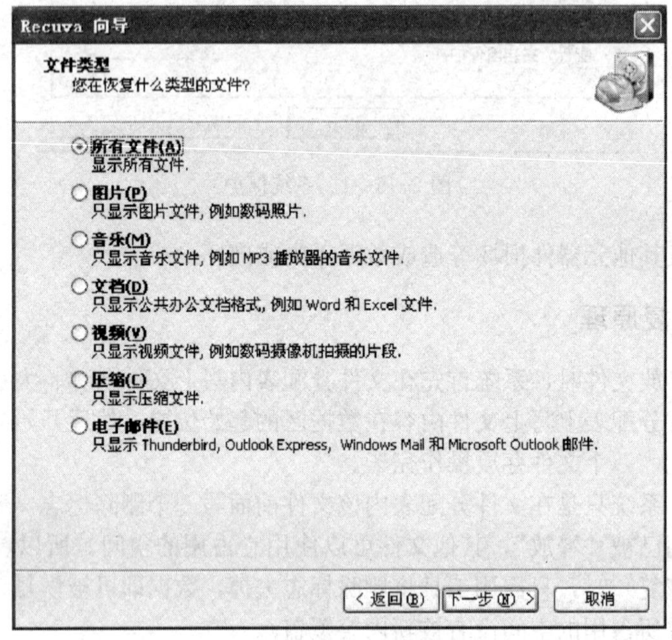

图 2—5—2　选择文件类型

如果能想起误删文件的位置，尽量在图 2—5—3 中勾选文件位置，这可以加快扫描被删除文件的速度。其中，在所有 Windows 系统中，优先将文件、图片、视频保存到“我的文档”；同样在所有 Windows 系统的默认设置中，删除文件，文件都会先移动到回收站文件夹，清空回收站时才会将文件删除，所以如果能想起来是从回收站删除掉的也会大大加快恢复速度。按图 2—5—3 设置后，单击“下一步”按钮。最后是开始搜索的界面，如图 2—5—4 所示。

单击“开始”按钮，进行扫描，如图 2—5—5 所示。

扫描过程会持续几分钟，扫描结束后，可以看到被删除的文件已经被扫描出来，最后结果如图 2—5—6 所示。

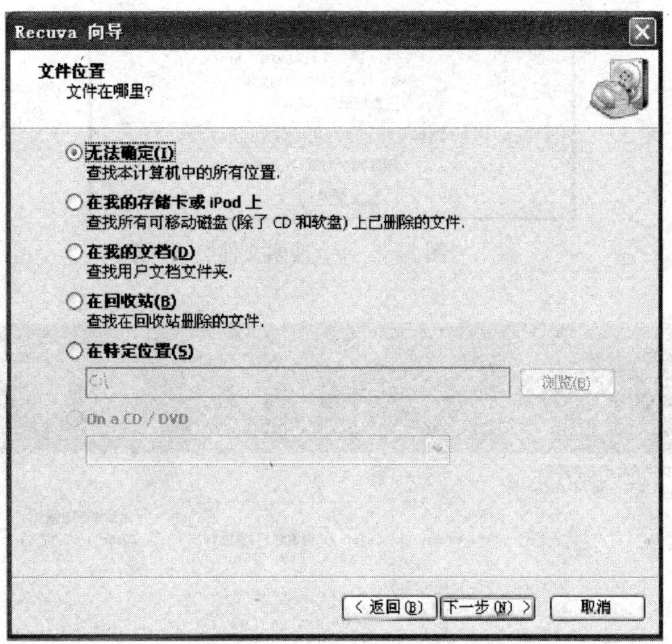

图 2—5—3　选择文件位置

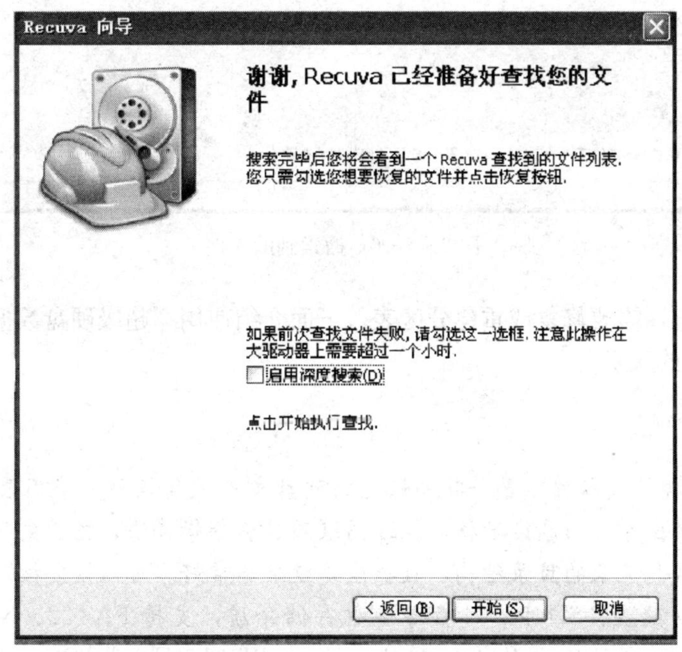

图 2—5—4　完成搜索设置

在图 2—5—6 中勾选要恢复的文件，设置好后单击“恢复”按钮，把数据恢复到其他的磁盘。

2. 硬盘分区表损坏的恢复

使用分区软件重新分区或者合并分区时，导致文件丢失或者无法打开，这种故障一般都

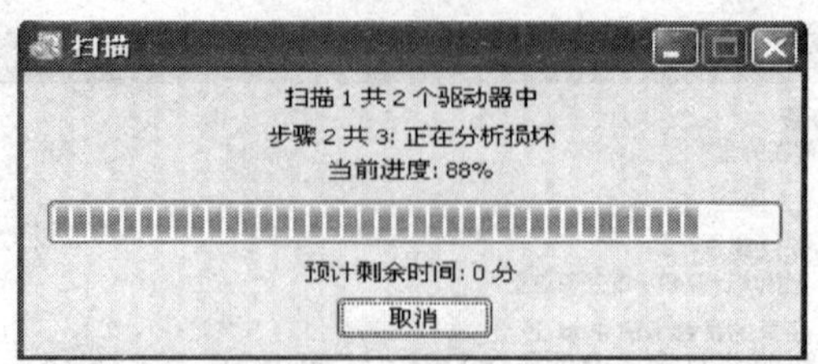

图 2—5—5　搜索文件

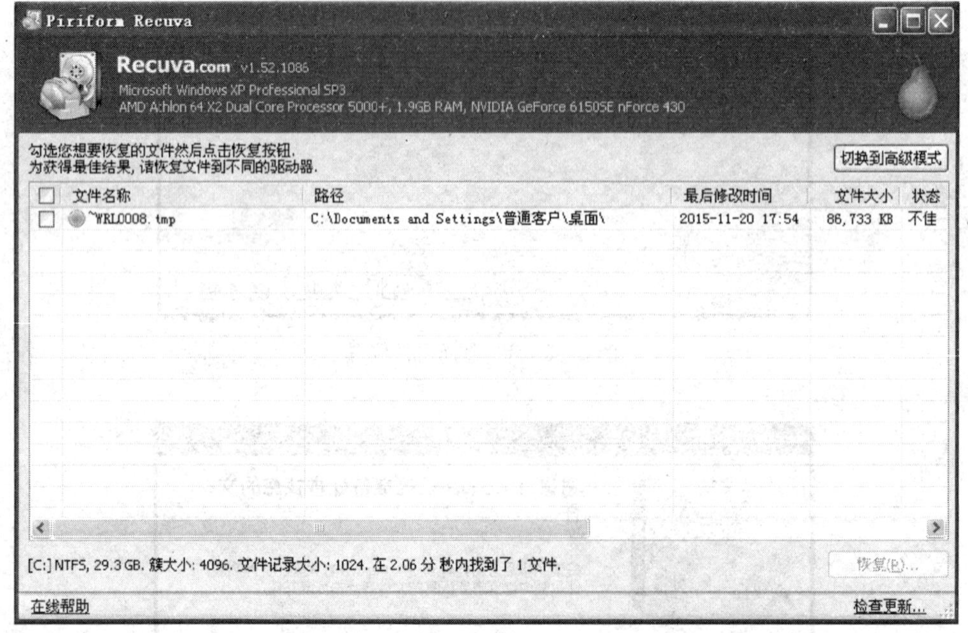

图 2—5—6　搜索到的文件

是分区表错误引起，需要修复或重建分区表。下面介绍使用“超级硬盘数据恢复软件”进行“硬盘分区表损坏的恢复”。

**小提示**

“超级硬盘数据恢复软件”是一款高性能的硬盘文件恢复软件，采用最新的数据扫描引擎，从磁盘底层读出原始的扇区数据，经过高级的数据分析算法，把丢失的目录和文件在内存中重建出原分区和原来的目录结构，数据恢复效果非常好。可以恢复被删除或者分区丢失的数据，支持移动硬盘、SD 卡、U 盘等多种存储介质，支持 FAT32、NTFS、exFAT 等 Windows 操作系统常用的文件系统格式，支持 Word、Excel、PowerPoint、AutoCad、CoreDraw、PhotoShop、JPG、AVI、MPG、MP4、3GP、RMVB、PDF、WAV、ZIP、RAR 等多种文件的恢复。

安装并运行“超级硬盘数据恢复软件”，如图 2—5—7 所示。

选择“恢复丢失的分区”模式，然后单击“下一步”按钮。在图 2—5—8 中选择一个硬盘或 U 盘，或者打开一个磁盘镜像文件，单击“下一步”按钮进行恢复。

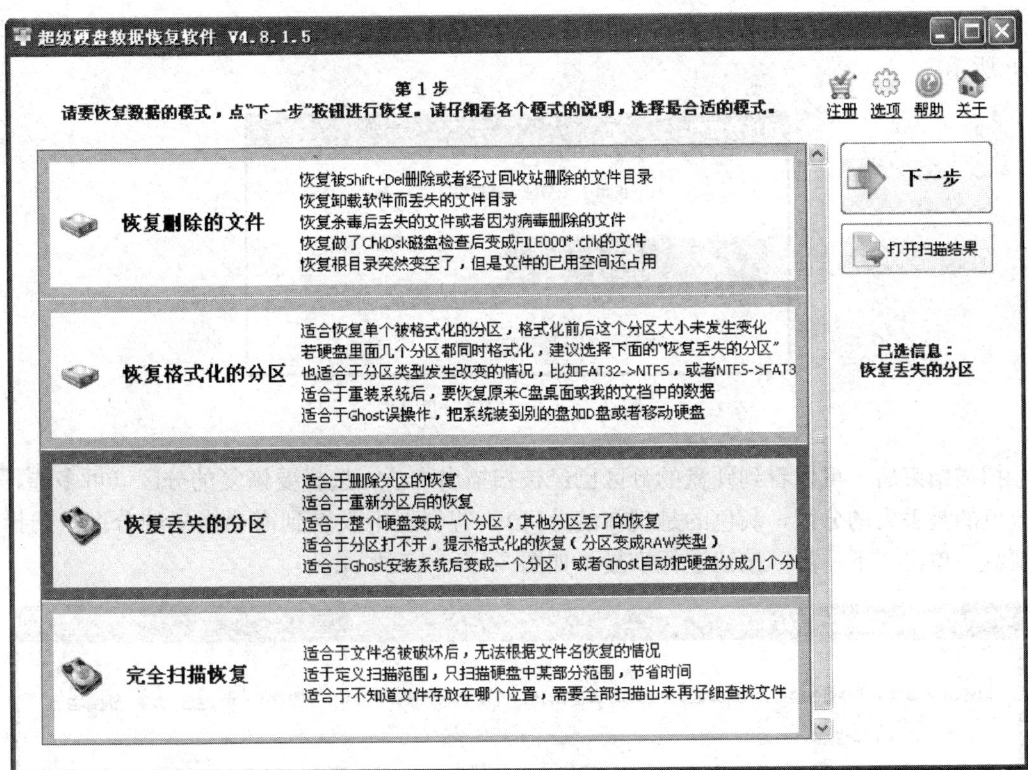

图 2—5—7　超级硬盘数据恢复软件界面

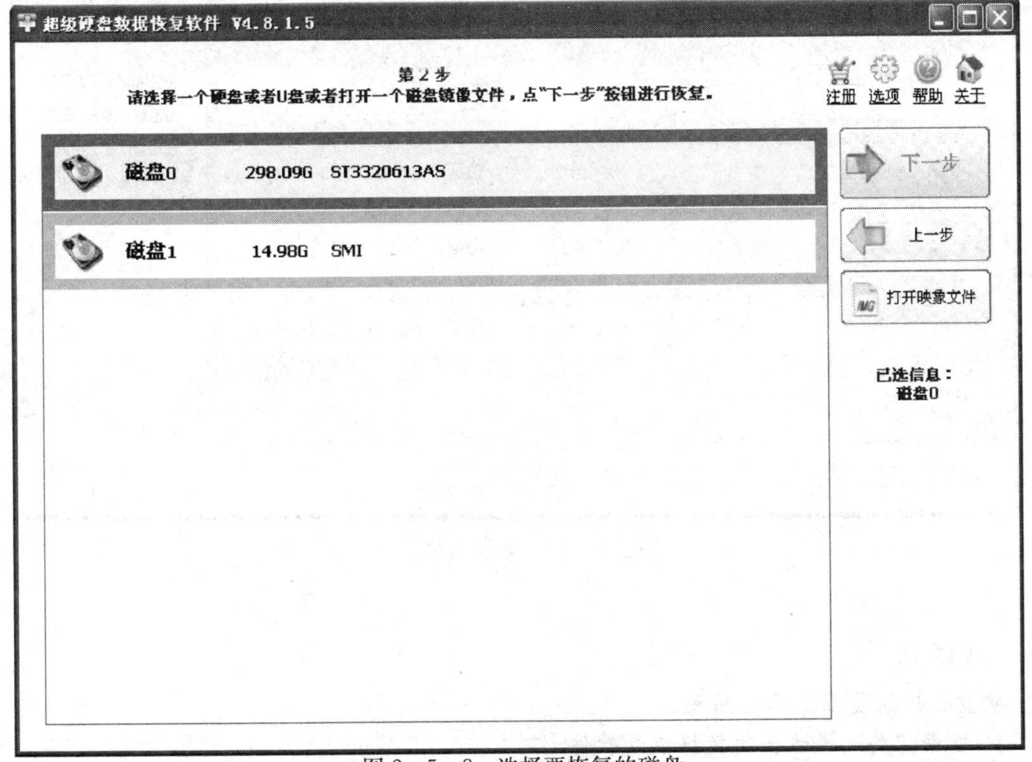

图 2—5—8　选择要恢复的磁盘

超级硬盘数据恢复软件会自动扫描被删除的分区，扫描过程会持续几分钟，如图 2—5—9 所示。

图 2—5—9　扫描分区中

扫描结束后，可以看到硬盘的分区已经被扫描出来了。选择要恢复的分区（可多选，字体蓝色的是丢失的分区，灰色的是现在的分区），若列表中没看到需要恢复的分区，选择整个硬盘。单击“下一步”按钮进行恢复，如图 2—5—10 所示。

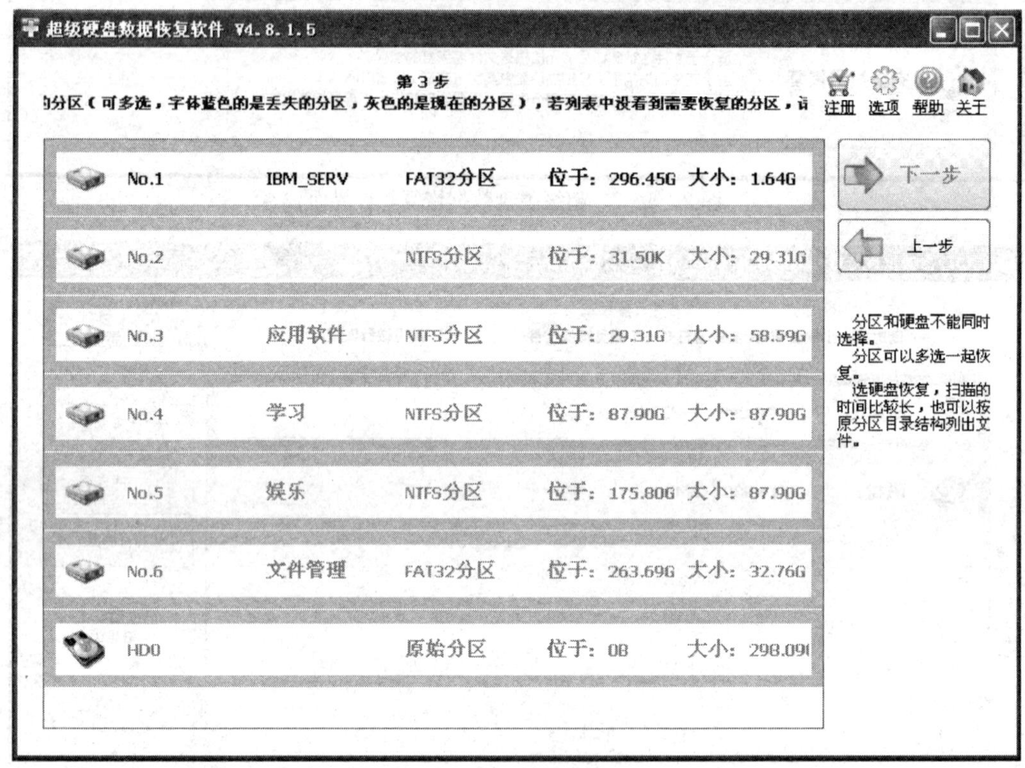

图 2—5—10　扫描分区结果

小提示

硬盘数据恢复应注意的问题：

1. 根据需要选择适合的数据恢复软件。
2. 数据恢复过程中，不要把数据直接恢复到原盘上。

3. 硬盘数据修复完成后，不要做DskChk磁盘检查（DskChk磁盘检查操作虽然可以修复一些目录文件，但很多时候会破坏数据）。

4. 数据恢复不等于重现数据，数据恢复仅仅是尽可能地还原数据，对于重要的数据，要养成备份的习惯。

5. 数据丢失后，严禁在需要恢复的分区里存放新文件。

6. 若要恢复的分区是系统分区，误删除的文件丢失后，最好给计算机断电，把硬盘挂到另一台计算机上进行恢复（因为在关机或开机状态下，操作系统会在系统盘里面写数据，因而破坏数据）。

任务6 关机故障

学习目标

1. 了解计算机软件关机过程。
2. 掌握计算机关机故障的常见现象。
3. 能正确检测和排除计算机关机故障。

任务描述

"关机故障"是指计算机执行关机操作后，操作系统迟迟无反应，或者系统弹出一个只有鼠标指针的空白屏幕，即计算机系统的关机功能失效。由于用户的操作具有不固定性，关机故障的现象也不确定，本任务从关机故障的原因入手对故障现象进行诊断和排除。

相关知识

一、软件关机

所谓软件关机，是指不通过电源的物理开关实现关机，而是通过操作系统支持的ACPI（Advanced Configuration and Power Interface，高级系统配置和电源管理）技术来实现的关机。ACPI由英特尔、微软和东芝等多家公司共同开发，可以在BIOS之上通过操作系统进行电源管理。该技术要求主板控制芯片和其他I/O芯片与操作系统建立标准联系通道，使操作系统可以通过瞬间软电源开关进行电源管理。因此，只有在硬件（控制芯片）、电源（ATX电源）及操作系统（Win98以上版本）都支持ACPI技术的前提下，软件关机才能实现。

小提示

为保证软件关机的实现，在BIOS设置中，必须把"ACPI function"设置为"Enabled"，同时必须启用APM，即高级电源管理功能。

二、计算机软件关机过程

计算机软件关机过程是一个复杂的过程，它是由系统进程 Csrss 和 Winlogon 配合调用关机程序 ShutDownSystem 来完成的，基本过程如下。

1. 首先用户发起关机指令调用关机程序，关机指令通知 Windows 的系统进程 Csrss（客户端服务子系统，用以控制 Windows 图形相关子系统），Csrss 收到通知后和系统进程 Winlogon（用户登录程序，主要管理用户登录和退出）做一个数据交换，做好关机的准备工作，接着再由 Winlogon 通知 Csrss 正式开始关闭系统的流程。

2. 在第一个过程中，Windows 系统进程 Csrss 收到 Winlogon 的通知后，会依次查询用户进程（常见的用户程序，如杀毒软件、防火墙），让这些用户进程退出。如果某个用户进程在默认的超时时间（5 000 毫秒）内没有退出，Windows 会显示一个“结束任务”对话框，用于询问用户是否结束这个任务。这就是关机显示结束程序对话框的原因。默认情况下，这个对话框会一直显示而不会自动关闭，直到用户单击“立即结束”按钮，否则关机过程就会在此停滞。

3. 关闭用户进程后，关机过程进入到关闭系统进程的阶段。终止系统进程和终止用户进程略有不同，Windows 在终止系统进程的时候并不像终止用户进程那样，如果无法在规定时间内终止则提示用户，而是直接跳过这个进程，去执行下一个系统进程的终止操作。

4. 关机操作的最后一步，Winlogon 进程将调用 NtShutdownSystem（）函数来命令系统执行 Windows 核心组件的退出和最后的关机工作。在这个阶段里，Windows 执行子系统会完成最后的关机操作，例如，配置管理系统将被修改过的注册表数据回写到磁盘里。当除电源管理外的全部子系统完成退出以后，电源管理子系统则完成最后的操作，如重新启动或切断电源关机。

检修方法

Windows 关机过程要经过几个阶段逐步完成，其中任何一步出错都可能导致关机失败。关机过程的前三步出现关机故障较多，常见的有关机慢、关机蓝屏、无法正常关机、关机重启动、自动关机等。

一、计算机关机慢的原因及排除

1. 感染病毒

计算机感染病毒后会导致运行异常缓慢，这时进入“任务管理器”查看 CPU 及内存使用率，发现 CPU 使用率很高。因此，在关机时，由于 CPU 占用过高，计算机没反应过来，需要等待一段时间才可以慢慢关机。也可能是病毒对系统相关文件进行破坏，导致关机出错而影响关机速度。

建议使用杀毒软件对计算机进行全盘扫描，如果是病毒原因，即可查杀病毒或木马，重新启动之后故障排除。

2. 垃圾或程序过多

计算机中系统垃圾过多，或者开启的程序过多时，计算机响应过慢，运行变得相对缓慢，从而导致关机缓慢。主要原因是计算机配置过低致使承载不了太多的程序和垃圾。

使用系统优化软件清理系统垃圾，优化开机启动项，将不需要的开机启动项禁用，关机时尽量把打开的软件或程序先全部关闭，再进行关机。如果计算机配置较低，建议升级计算机配置或更换主流计算机。

二、计算机关机失败的原因及排除

1. 计算机遭到木马、病毒破坏，注册表信息被恶意更改

使用安全类软件的木马查杀功能，或相应专杀工具进行查杀和修复。

2. 用户误修改关机配置文件

执行“开始”→“运行”命令，在“运行”对话框中输入“regedit”命令，单击“确定”按钮，打开“注册表编辑器”窗口，在左侧的文件夹树形结构中查找“HKEY－LOCAL－MACHINE \ SOFTWARE \ Microsoft \ Windows \ CurrentVersion \ policies”，单击“system”文件夹，然后在右侧的列表项中双击“shutdownwithoutlogon”项，打开“编辑 DWORD 值”对话框，将“shutdownwithoutlogon”的“数值数据”设置为“0”，如图2—6—1 所示。单击“确定”按钮，故障排除。

执行“开始”→“运行”命令，在“运行”对话框中输入“gpedit. msc”命令，单击“确定”按钮，打开“组策略”窗口，依次展开左侧“用户配置”→“管理模板”项，选择“管理模板”中的“任务 栏和「开始」菜单”项并双击，在右侧的列表项中双击“删除和阻止访问‘关机’命令”选项，打开“删除和阻止访问‘关机’命令属性”对话框，如图 2—6—2 所示。选择“设置”选项卡，选择“已禁用”单选按钮，单击“确定”按钮。

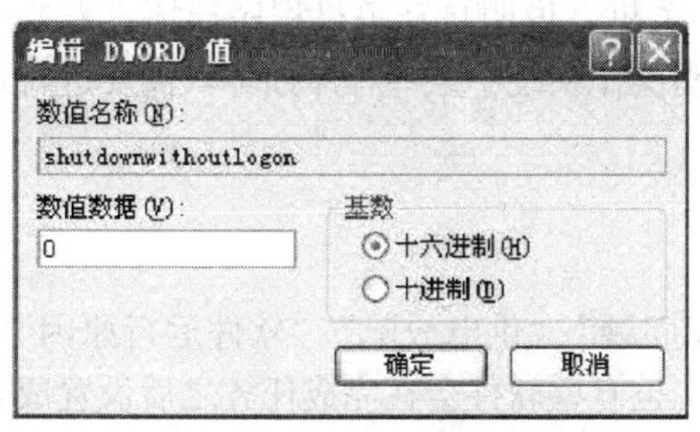

图 2—6—1　设置“数值数据”

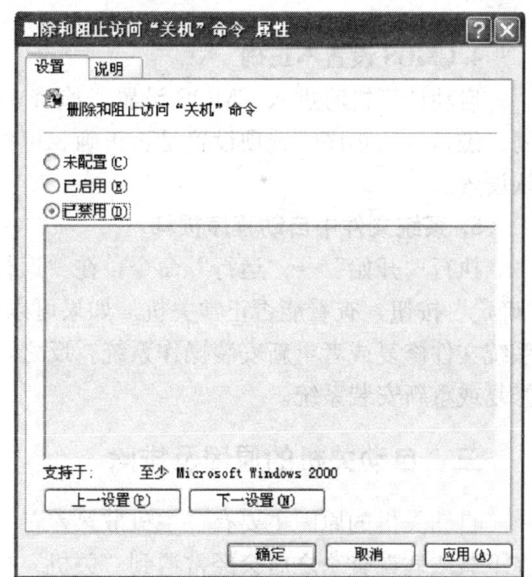

图 2—6—2　“删除和阻止访问‘关机’命令属性”对话框

3. Windows 声音文件损坏

在“控制面板”中打开“声音与音频设备属性”对话框，选择“声音”选项卡，在“程序事件”列表框中选择“退出 Windows”项，如图 2—6—3 所示。可以从备份中恢复声音文件或者重新安装提供声音文件的程序，也可在“声音”下拉列表框中选择“无”，如图2—6—4所示。单击“确定”按钮，故障排除。

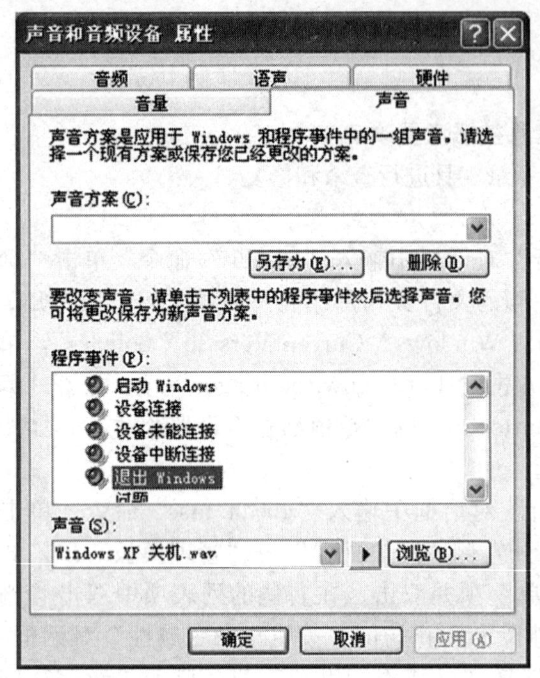

图2—6—3 “退出 Windows”项

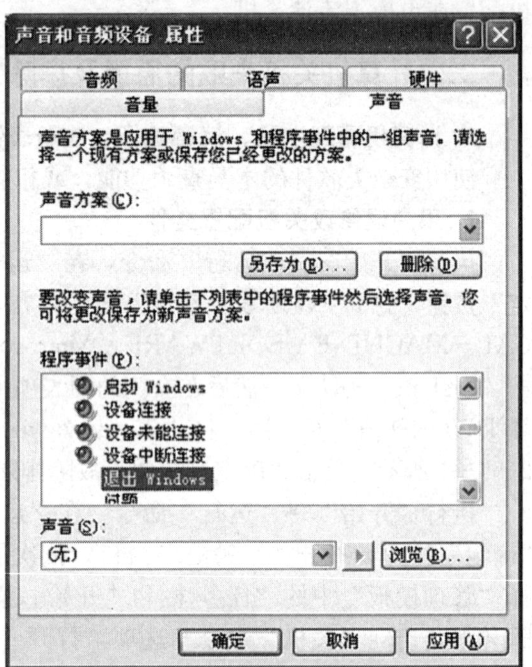

图2—6—4 设置声音为“无”并退出

4. CMOS 设置不正确

启动计算机时进入 CMOS 设置，检查 CPU 外频、电源管理、病毒检测、IRQ 中断开闭、磁盘启动顺序等选项设置是否正确。可参照主板说明书进行设置，或者恢复出厂时的默认设置。

5. 系统文件中自动程序损坏

执行“开始”→“运行”命令，在“运行”对话框中输入“ExitWindows”命令，单击“确定”按钮，查看能否正常关机。如果可以正常关机，说明自动关机程序损坏，需要进行系统文件修复或者重新安装操作系统。反之，说明操作系统中某些程序损坏，需要进行系统修复或重新安装系统。

三、自动关机的原因及排除

自动关机的原因主要有“主机散热差”“内存问题”“供电故障”“软件运行原因”等，在下载或病毒查杀之后会经常遇到“关机”提示，也有些软件会在完成任务之后设置成自动关机。

首先检查电源是否有问题、内存是否插紧、CPU 风扇是否转动正常。排除硬件原因后，使用杀毒软件杀毒并及时修补漏洞。最后检查是否为下载应用程序造成的（查看下载任务中是否设置了默认自动关机），发现问题及时处理。

四、关机重启的原因及排除

造成关机重启故障的原因有以下几点。

1. 系统设置

默认情况下，系统出现错误时会自动重新启动，这样用户关机时，如果关机过程中系统出现错误就会重新启动计算机。此时，应关闭“自动重新启动”功能。

小提示

如何关闭自动重新启动功能？

Windows XP 系统中，在桌面的“我的电脑”图标上单击鼠标右键，依次选择“属性”→“高级”命令，在“启动和故障恢复”选项中单击“设置”按钮进行关闭；Windows 7 系统中，在桌面的“计算机”图标上单击鼠标右键，依次选择“属性”→“高级系统设置”命令，在“启动和故障恢复”选项单击“设置”按钮，弹出“启动和故障恢复”对话框。在“系统失败”栏目中将“自动重新启动”选项前的对勾去掉，单击“确定”按钮。

2. 高级电源管理

关机与电源管理密切相关，造成关机故障的原因很有可能是电源管理对系统支持不佳造成的。

依次打开“控制面板”→“性能与维护”→“电源选项”→“高级”选项，在“电源按钮”项的“在按下计算机电源按钮时”下拉列表中选择“关机”，如图 2—6—5 所示。单击“确定”按钮完成设置。

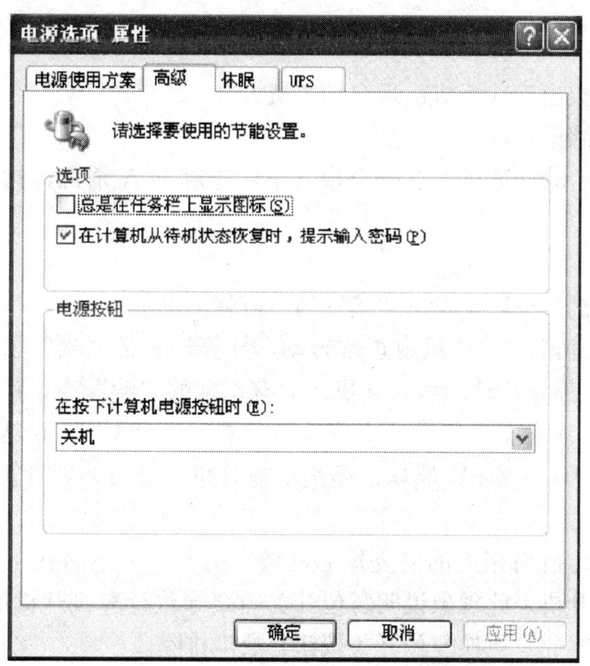

图 2—6—5　“电源选项属性”对话框的“高级”选项卡

3. USB 设备

现在各种外设向 USB 接口靠拢，如 U 盘、鼠标、键盘、Modem、打印机等。

计算机出现关机重启故障时，如接有 USB 设备，首先拔掉 USB 设备，再进行关机。如果确认 USB 设备有问题，需要换掉此设备。

五、关机蓝屏的原因及排除

1. 病毒或系统漏洞

计算机在关机过程中出现关机蓝屏，而且是间歇性的，按下【Ctrl＋Alt＋Delete】组合键无反应，可以断定系统存在漏洞或感染病毒。在安全模式下杀毒，然后修补漏洞，解决故障。

2. 软硬件冲突

如果计算机的软硬件存在冲突，建议重新安装操作系统。

3. 硬件资源冲突

依次选择“控制面板”→“性能和维护”→“系统”→“系统属性”→“硬件”→“设备管理器”选项，检查是否存在带有黄色问号或感叹号的设备，如存在，试着将其删除，并重新启动计算机。如果不能解决问题，可重新安装或升级相应的驱动程序。

4. 内存条故障

内存条故障主要由内存条质量或内存条松动引起。此时，应首先排除内存条接触故障，然后考虑内存条质量问题。如果内存条质量有问题，更换内存条即可解决。

检修案例

【案例 1】

故障现象：U 盘拔出后计算机出现自动关机。

故障分析：U 盘感染病毒。

故障处理：重新启动计算机，在安全模式下，先对 U 盘杀毒，然后对计算机杀毒，最后重启系统。

【案例 2】

故障现象：计算机开机后，发出“嘀”的一声就关机了。

故障分析：拆开机箱，CPU 风扇正常转动，计算机正常“嘀”了一声，屏幕点亮，几秒后 CPU 风扇又慢慢停止转动。因为开机之后有正常的“嘀”声，计算机自检通过，说明硬盘、内存和 CPU 应该没有大问题。上网搜索资料，怀疑 CPU 散热不良，导致计算机温度过高自动关机，重新安装 CPU 风扇，还是不能开机。最后怀疑计算机开机复位键（RESET 开关短路）有问题。

故障处理：去掉与机箱相连的“复位启动线”的开关，然后在主板中将开机线与地短路，计算机可以正常开机。此现象说明复位开关短路导致计算机开机后电源一直为低电平，主机电源自动关闭。因此，更换复位开关按钮，故障排除。

【案例 3】

故障现象：计算机能正常工作，只是每次关机后总是会自动重启，按住开关键一会儿，才可以关机。在安全模式下关机不会发生此现象。

故障分析：查杀病毒、重新安装系统、更换电源、清理 BIOS 设置、禁止系统故障自动重启功能等都不能解决问题。偶然发现，拔掉网线后可以正常关机，怀疑网络适配器中的“关机自动唤醒”功能开启。

故障处理：打开设备管理器，找到网络适配器下的网络配置项，单击鼠标右键，选择快捷菜单中的“属性”命令，在属性对话框中选择“高级”选项卡，如图 2—6—6 所示。选择“属性”框中的“关机 网络唤醒”选项，将“值”设置为“关闭”，单击“确定”按钮，再进行关机，故障排除。

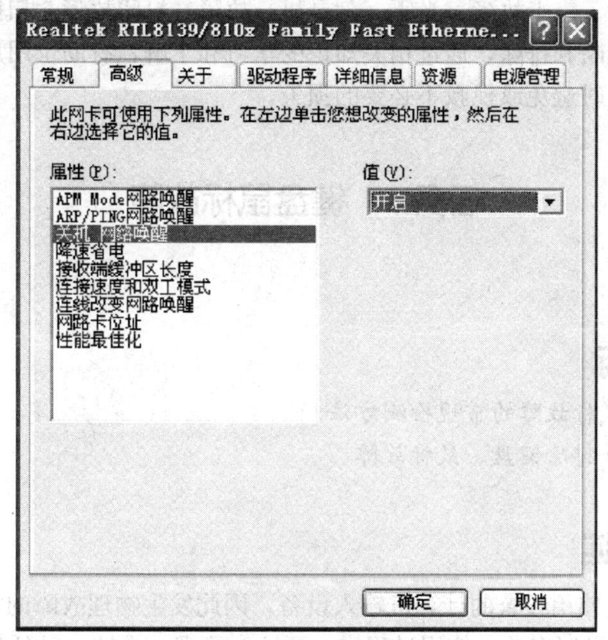

图 2—6—6　设置关机网络唤醒

项目三　外部设备故障

外部设备故障，也是计算机系统中多发的故障，计算机使用时间过久或使用不当容易引起外部设备中各个部件不同程度的损耗，从而导致计算机系统不能正常使用。本项目从键盘鼠标故障、显示故障、声卡故障、光驱（刻录机）故障、打印故障、扫描故障六个学习任务来学习外设故障的诊断和排除，通过相关知识的学习和了解，有助于用户自己动手排除一些常见的外设故障，及时避免或挽救不必要的损失。

任务1　键盘鼠标故障

学习目标

1. 掌握键盘、鼠标故障的常规检测方法。
2. 能正确检测并排除键盘、鼠标故障。

任务描述

键盘和鼠标都是使用频繁的计算机输入设备，因此发生物理故障的情况较多；也有部分故障与BIOS和系统设置有关。使用过程中，要注意清理、维护，以延长其使用寿命。本任务列举出了常见的键盘、鼠标故障现象，并给出了相应的故障分析及解决方案。

相关知识

一、键盘鼠标常见的故障现象

1. 键盘“卡键”。
2. 键盘按键失灵。
3. 系统找不到键盘和鼠标。
4. 鼠标按键失灵。
5. 鼠标定位不准。
6. 鼠标灵敏度下降。

二、键盘鼠标故障产生的原因

引起键盘鼠标故障的原因有很多，有计算机方面的，也有键盘鼠标方面的，主要原因有以下几点。

1. 键盘鼠标接口损坏。

2. 出现断线。

3. 按键接触不良。

4. 逻辑电路故障。

5. 虚焊、假焊、脱焊和金属孔氧化等。

6. 元器件出现脏污。

检修方法

一、键盘故障

键盘故障的表现形式多种多样，原因也有多个方面。有接触不良、按键本身的机械故障，也有逻辑电路故障，以及虚焊、假焊、脱焊和金属孔氧化等故障。维修时要根据不同的故障现象，分析判断并找出产生故障的原因，进行相应的修理。

1. 开机时提示“Keyboard error or no keyboard present”，或开机后屏幕显示键盘出错信息“Keyboard Lock or Error”。

故障分析：引起这种故障的原因有“键盘没有接好”“键盘接口的插针弯曲”和“键盘或主板接口损坏”。

故障排除：开机时注意键盘上的指示灯是否闪烁，如果没有闪烁，首先检查键盘的连接情况，接着观察接口有无损坏，使用万用表测量主板上的键盘接口，如果接口中的第 1、第 2、第 5 芯中某一芯的电压相对于第 4 芯为 0，说明接口线路有断点，找到断点重新焊接好即可。如果主板上的键盘接口正常，说明键盘损坏，需更换新的键盘。

2. 主机自检时，屏幕显示“Keyboard error Press F1 to RESUME”。

故障分析：引起这种故障的原因有“键盘自身故障”和“主板键盘接口故障”。

故障排除：为判断是键盘自身故障，还是主板键盘接口故障，更换一个正常的键盘，如一切正常，说明是键盘自身故障。拆开键盘后盖，检查电缆 4 根引线的电平，Vcc 引线为＋5 V 高电平，GND 引线为低电平，DATA 引线为高电平，而 KBLCK 引线为低电平，正常时 KBLCK 引线应为高电平。关掉主机，拔下键盘插头，用万用表×1Ω 档测量电缆两端的对应引线，发现 KBLCK 引线已断，更换一根键盘电缆，故障排除。

3. 键盘有时无法键入字母或时有时无，更换键盘故障依然存在。

故障分析：引起这种故障的原因有“设置”“病毒”和“超频”等。

故障排除：打开键盘属性对话框，把“重复延迟”和“重复率”两个选项调小一些（频率太快会被认为是误按）。然后查杀病毒或重新安装操作系统，如果计算机处于超频状态，再调回至原来的频率。

4. 开机自检正常，但个别字符键不太灵敏，有时用力敲这几个键，键入的字符正常，轻敲则无反应。

故障分析：由故障现象看，键盘接口及电缆都没有问题，按键同时失灵并不代表按键本身的故障，而是键盘内部电路造成的。这种现象是由于该键接触不良造成的，而接触不良一般是由于该键与电路板之间连线产生虚焊或脱焊，造成该键电路断开所致。

故障排除：将键盘后盖上的连接螺钉卸下，打开键盘前盖，将键盘主体取出，在背面找到开关电路的两个焊点。在正常情况下，当没按下键时，万用表（置于欧姆挡）应指示无穷大，当按下键时，万用表应指示为零。如果不是这种情况，说明该键损坏，此时应重新焊接连线。

小提示

切记两个焊点位置，并且要将电路板和导电层隔离好。最好使用无水酒精棉球将电路板与导电层接触处擦干净。

5. 按键按下后不能弹起。

故障分析：出现这类故障的主要原因是键盘质量差。

故障排除：遇到这种现象，一般只要将卡住的按键恢复原位即可。但是这些按键的弹簧可能出了问题，下次还会卡住。最好将键帽取下，简单处理一下，如更换弹簧等。

6. 敲某一键，屏幕上显示许多相同的字符。

故障分析：这是单纯的机械故障。一个原因是键的定位槽被卡住了，另一原因是该键本身失去了弹性，但这种情况极少见。

故障排除：如果是按键的定位槽被卡住了，需将键盘外壳打开，调整好键盘的位置后重新固定好即可；如果是该键本身失去了弹性，需将该键拆开，换上一个新的弹性介质。

7. 因键盘故障导致计算机突然重新启动，并在进入操作系统时黑屏，提示出现保护性错误。

故障分析：根据系统提示，推测为硬件故障。

故障排除：使用替换法进行检查，主板、内存、显卡等设备均无故障，更换键盘后发现故障消失。原因是键盘曾经被洒上了少量饮料，虽然及时擦干后能正常使用，并没有立刻出现故障，但当导电液体渗入键盘内部后，造成键盘电路短路。此时，应将键盘拆开，仔细擦拭并适当烘干，然后安装到计算机上查看，故障消失。

8. 一台组装计算机，使用多年，近来突然无法通过键盘输入任何字符，按任意键都没有响应。使用时，键盘右上角的指示灯全部不亮。

故障分析：推断为计算机中毒或键盘损坏。

故障排除：使用替换法，更换一个键盘后故障排除，说明原键盘损坏。检查时发现，摇动键盘连接线的根部，键盘指示灯闪亮，拆开键盘，将连接线取下，截去一段再接上，安装后开机检查，故障排除。

9. 键盘的某个键（如【Enter】键）按下比较费劲，并且弹起比较缓慢。

故障分析：按键按下有困难，说明有阻碍物。

故障排除：卸下键盘，取出按键，发现键柱上堆积了很多污垢。轻轻刮掉污垢，将按键装回原位，感觉按下时轻松多了，但弹起还是比较缓慢，估计是弹性橡胶垫老化。将平时不常用的【Scroll Lock】键的胶垫与之交换，装好键盘，故障排除。

小提示

平时应注意键盘的防尘清洁工作，要经常清除灰尘，按键也要注意保护，采用正确的敲击方法，避免在不必要时按住某个键不放而加速橡胶垫老化。

10. 计算机其他方面工作正常，在输入数字时总是出现以下现象：按下一个数字键，屏幕上会显示多个任意字符跟在所输入数字的后面。使用杀毒软件扫描系统，没有发现任何病毒。

故障分析：根据现象分析，可能是键盘损坏。

故障排除：拆开键盘仔细检查，发现电路板上有一点水珠，小心擦拭并在阳光下晒干。将键盘安装到主机上，开机检查，故障排除。

11. 启动计算机后，系统自检正常，进入操作系统后机箱的扬声器发出持续的“嘀嘀”响，但程序运行正常。

故障分析：由于进入操作系统后才出现故障现象，怀疑是软件故障，先大致检查开机启动项、扫描病毒后，没有发现异常情况。后来得知计算机桌上曾经洒了些水，推断是水进入键盘导致系统出现该故障。

故障排除：拆开键盘，看到电路板上有不少水珠，小心擦干并用电吹风吹干，原样安装，开机检查，故障排除。

12. 一台组装计算机，为升级更换了机箱内的绝大部分硬件。日常使用基本正常，但近日发现进入待机模式后，无论使用机箱电源键还是定义的键盘热键都不能“唤醒”系统，只能按重新启动键冷启动计算机。

故障分析：考虑更换了硬件，可能是硬件参数设置问题。首先检查主板 BIOS 设置程序，关于待机模式和唤醒热键设置的选项都没有问题。经过反复检查，发现更换键盘后故障消失，推断为老式键盘不支持新规范，不能与新的电源很好配合，导致系统无法被“唤醒”。

故障排除：新购键盘，重新定义唤醒热键，故障排除。

13. 键盘上一些按键，如空格键、回车键，不起作用。

故障分析：这是常见的故障，因为键盘上的一些字母键经常使用，容易出现问题。“键盘按键失灵”一般是因为线路板或导电塑胶上有污垢，从而使两者之间无法正常接通。

故障排除：关机后拔下键盘，将键盘翻转打开盘底，用棉球蘸无水酒精擦拭按键下面与键帽相连接的部分（如果表面有一层比较透明的塑料薄膜，需揭开后进行清洗）。

14. 键盘自检正常，【Q】【A】【Z】这三个按键不能键入值。

故障分析：这三个按键是邻近的且在同一列上，三键同时损坏很可能是连接这三个键的印刷线断裂。

故障排除：打开键盘，用万用表检查，发现连接三个键的印刷线有很细的裂纹，用烙铁将其焊好，故障排除。

15. 接上一个无故障键盘，开机自检时出现提示“Keyboard Interface Error”后死机。拔下后再重新插入能正常启动系统，使用一段时间后键盘无反应。

故障分析：这种现象主要是由于频繁用力拔插键盘而引起主板上键盘接口信号线脱焊松动。此外，键盘接口插座上的两个连接在主板上的铁片断裂也会引起计算机工作不稳定。

故障排除：拆下主板用电烙铁重新焊接好即可，或者更换一个键盘接口。

16. 正常启动计算机后，当按某个键输入字符时，屏幕上显示的字符不是本键位上的字符，而是其他键位的字符。

故障分析：这种情况一般是按键的连线松动或脱落，造成键码串位所致。

故障排除：打开键盘，检查按键连线，查出故障位置，调整正确后，故障即可消除。

17. 计算机只能进入安全模式，单击文件时有多个文件被选中。

故障分析：可能是键盘黏滞使系统认为硬件有故障而直接进入安全模式，并且鼠标每次单击文件时都选取多个文件。

故障排除：清理键盘后，把所有的【Ctrl】【Alt】【Shift】键都多按几次，再次启动计算机，故障消除。

小提示

为避免键盘故障，使用键盘应养成以下习惯：

1. 选择质量较好的键盘。
2. 定期对键盘进行清洁。
3. 不要用大力操作键盘。
4. 让键盘远离水源。
5. 使用工作电流大的电源和工作电流小的键盘。

二、鼠标故障

目前普遍使用光电鼠标，由于其使用光电传感器进行定位，光电鼠标故障90%以上是由断线、按键接触不良、光学系统脏污造成，少数劣质产品也常有虚焊和元件损坏的情况出现。

1. 光电鼠标使用将近一年，最近出现了问题，移动鼠标时，指针跳跃移动，根本无法正常使用。

故障分析：可能是鼠标的光路组件脏了，使得光线减弱。

故障排除：打开鼠标外壳后，用棉球蘸水轻轻擦拭发光管、透镜、反光镜和光敏管表面，保证光亮即可。当然，如果发光管或者光敏元件老化也会导致鼠标移动故障，这种情况要更换相应元件或者购买新的鼠标。

2. 操作系统是 Windows XP，安装了一个 USB 光电鼠标，使用后发现工作不正常，开机后多数情况鼠标指针静止不动，热拔插后鼠标指针才能移动。

故障分析：开机鼠标无法正常移动，说明系统没有正确配置鼠标。既然热拔插可以解决问题，应该是鼠标的 USB 接口兼容性差。

故障排除：更换鼠标连接主板的 USB 接口，故障排除。

3. 重装系统后发现光电鼠标不能使用，随后试了所有的 USB 接口，都不能使用。将鼠标插在其他计算机上可以使用，把其他光电鼠标拿到该计算机上仍然不能使用。

故障分析：通过前面的描述，怀疑是主板的 USB 控制芯片或相关的电路发生短路而烧毁，或者主板的 USB 接口被禁用。

故障排除：在“设备管理器”里刷新一下，查看故障能否排除，如果故障依然存在，认为是主板的 USB 控制芯片或相关的电路损坏，需要购买一个 USB 转接卡，插在主板的扩展槽上。

4. 稍微动一下鼠标，指针就移动很长的距离，不好定位。

故障分析：很可能是鼠标的指针移动速度设置得太高。

故障排除：Windows XP 系统中，依次单击“开始”→“控制面板”→“打印机和其他硬件”选项，如图 3—1—1a 所示。Windows 7 系统中，依次单击“开始”→“控制面板”→“外观和个性化”→“硬件和声音”选项，如图 3—1—1b 所示。

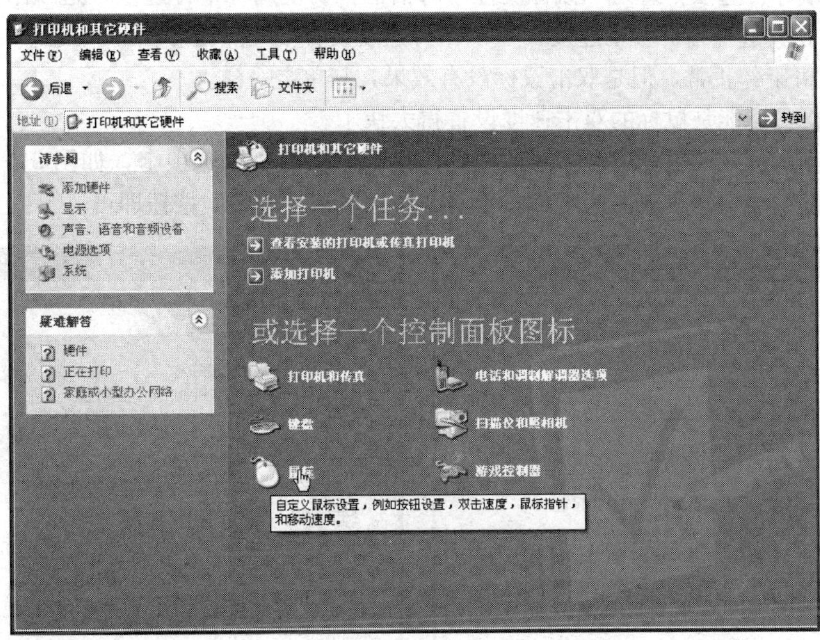

a)

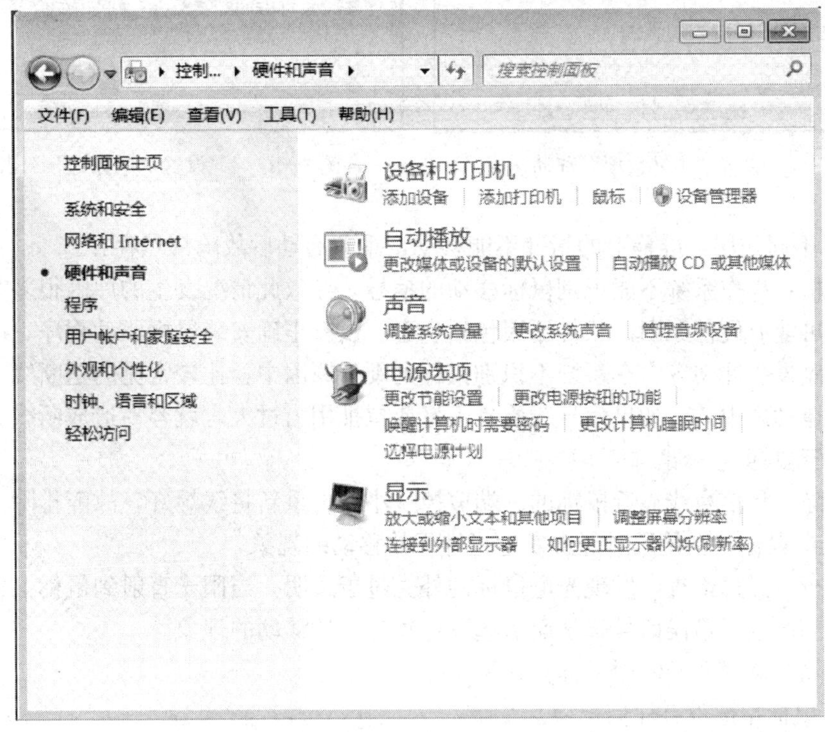

b)

图 3—1—1　进入鼠标设置

a）Windows XP 系统中　b）Windows 7 系统中

双击“鼠标”选项，进入“鼠标属性”对话框，切换到“指针选项”选项卡，如图 3—1—2 所示，在“选择指针移动速度”项中，将速度设置慢一点即可。

5. 计算机工作正常，但是双击鼠标没有效果，与单击一样。

故障分析：可能是鼠标的双击速度设置得太快了。

故障排除：进入“鼠标属性”对话框，切换到“鼠标键”选项卡，如图 3—1—3 所示，在“双击速度”项中修改双击速度后，单击“应用”或“确定”按钮即可。

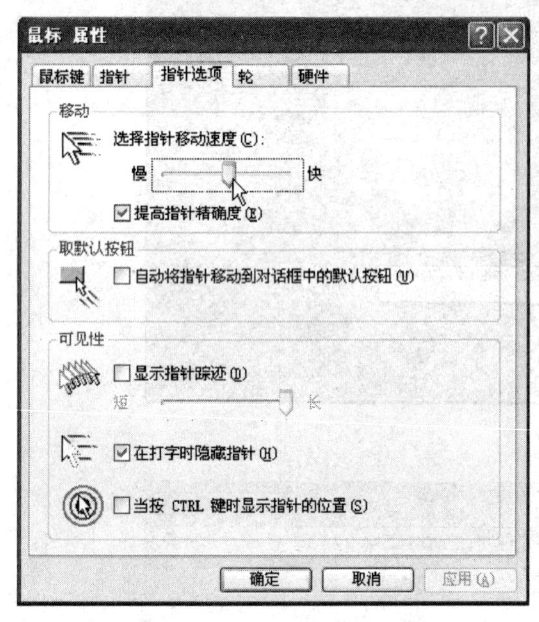

图 3—1—2　设置“指针选项”移动速度

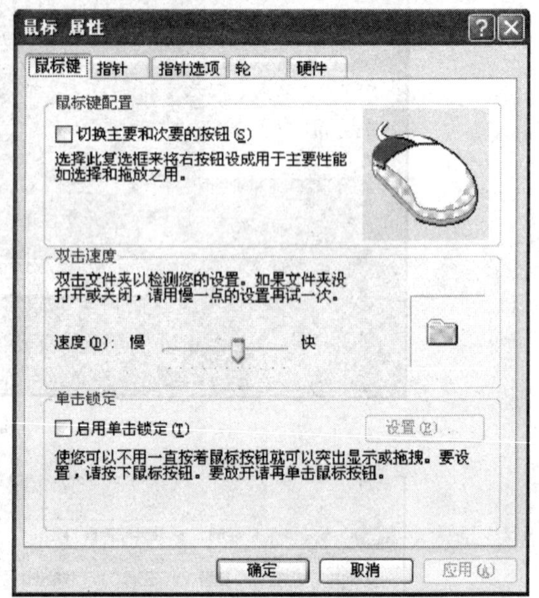

图 3—1—3　设置“鼠标键”双击速度

6. 鼠标不起作用，屏幕上的指针不能移动，重新启动后故障依然存在。

故障分析：操作系统不能识别鼠标移动的信号，导致此情况发生的原因很多，可能有软件原因，也可能有硬件原因。软件原因包括病毒、没有正确安装鼠标驱动程序、应用软件与鼠标驱动程序发生冲突等。在系统不识别鼠标的硬件原因中，比较常见的是断线。由于鼠标是处于不断运动之中的，如果信号线质量不好或拉扯用力过大，就容易造成断线。多数情况下，断点处于鼠标这一端。

故障排除：将信号线靠近鼠标的一端剪掉一小截，重新将线焊好，故障排除。

7. 某光电鼠标，在使用时经常发生指针无故移动的现象。

故障分析：经过检查，发现光电鼠标的外壳过于透明，当阳光直射到鼠标上，光的干扰导致鼠标内部产生了错误信号，从而引起鼠标指针无故移动的现象。

故障排除：避开强光使用鼠标，故障排除。

8. 按下鼠标左键没有任何反应。

故障分析：鼠标按键不起作用，一般为微动开关损坏所致。在鼠标故障中，微动开关的损坏率比较高，仅次于鼠标因污物过多导致的移动不灵活故障。特别是左键下面的微动开关，由于使用频繁，很容易损坏。鼠标每一个按键下均有一个微动开关，当因质量不佳、外力过大、老化等原因而损坏后，需要进行更换。

故障排除：从其他废弃的鼠标上拆下完好的微动开关替换损坏的那个。

小提示

应急情况下，可通过“控制面板”窗口的鼠标设置功能将右手鼠标设置为左手鼠标，即可以用右键代替原来的左键使用，从而避开损坏的那一个键。

9. 系统启动后不能正常进入操作系统，计算机死机、无任何响应。反复几次，偶尔能进入操作系统，但只要移动鼠标就会死机。

故障分析：可能是鼠标存在问题。

故障排除：拆下鼠标进行检查，使用万用表测试，发现鼠标的连线中有短路现象。剥开线路外皮，小心地重新接好短路，开机检验，故障排除。

10. 计算机正确启动后，鼠标指针无法移动，但系统并没有死机。

故障分析：鼠标指针锁死一般有硬件原因，也有软件原因。硬件原因有“插头接触不良”“系统资源冲突”“驱动程序不兼容”等。

故障排除：考虑鼠标之前使用过程中的问题，最近系统又没有软件改动，排除软件原因。因此，关机重新插拔鼠标插头后，故障排除，说明是“插头接触不良”造成的。

11. 某光电鼠标，使用一段时间后灵敏度明显降低。

故障分析：可能是鼠标的光路组件脏了，使得光线减弱。

故障排除：拆开鼠标进行检查，发现发光管、光敏管、透镜上有很多污垢，从而阻碍了光线的传播。使用无水酒精小心清理，安装好后，故障消失。

12. 开机后系统报告找不到鼠标，但该鼠标在其他计算机上可以正常使用，其他鼠标在本机上也不能使用。

故障分析：可能是病毒引起的。

故障排除：检查系统病毒并杀毒后，故障消除。

13. 开机自检后，系统提示“鼠标没有检测到”或屏幕显示“没有安装鼠标”，而实际上安装了鼠标及其驱动程序。

故障分析：要使鼠标正常工作，一要硬件工作正常，二要安装正确的驱动程序，三要进行正确的设置。系统不识别鼠标可能是由于接触不良、鼠标模式设置错误、鼠标的硬件故障、病毒或主板故障等原因引起。

故障排除：

(1) 拔插鼠标与主机的接口插头，检查接触是否良好，处理后重新启动计算机。

(2) 检查鼠标底部是否有模式设置开关。如果有，试着改变其位置，重新启动系统。若不能解决问题，仍要把开关拨回原位。

(3) 使用替换法更换鼠标后故障仍存在，说明是软故障，要重新安装鼠标驱动程序。

(4) 若故障仍然存在，使用杀毒软件检测并杀毒，重新冷启动后，检查鼠标驱动程序是否完好，发现问题重新安装。如果驱动程序没问题，检查 BIOS 的内容是否被修改。如果被修改应重新设置，然后再次开机启动。

(5) 若故障仍然存在，应怀疑主板线路有故障，需要送专业维修人员维修。

为减少鼠标故障，使用鼠标应养成以下习惯：

1. 光电鼠标中的发光二极管、光敏三极管都害怕震动，使用时要避免强力拉扯鼠标连线。

2. 保持感光板的清洁和感光状态良好，避免灰尘附着在发光二极管和光敏三极管上，遮挡光线接收，影响正常使用。

3. 鼠标按键时不要用力过度，避免摔碰鼠标，以免损坏弹性开关或其他部件。

任务 2　显示设备故障

1. 了解常见的显示故障现象。
2. 掌握显示故障产生的原因。
3. 能正确检测并排除显示故障。

“显示故障”是计算机启动后，在使用过程中出现的显示器屏幕异常的一种故障。计算机显示故障分为软故障和硬故障，当显示器不能正常显示时，应该先简单分析一下出现故障的位置，是软件设置问题，还是显示器自身、显卡硬件问题。本任务通过常见的显示异常现象来找出故障的原因并进行相应的处理。

一、常见的显示故障现象

1. 显示器出现画面抖动。
2. 显示器花屏。
3. 显示器黑屏。
4. 显示器屏幕有干扰杂波。

二、显示故障产生的原因

1. 显示器受潮。
2. 显卡故障。
3. 硬件冲突或不兼容。
4. 显示器自身元器件故障。

5. 计算机病毒。

6. 显示器与显卡接触不良。

7. 灰尘。

检修方法

一、常见显示故障及维修方法

1. 显示器花屏

故障分析：引起显示器花屏的原因比较多，既有软件原因，也有硬件原因。

故障排除：首先检查显示器与显卡的连线是否松动，其次检查显卡是否过度超频，第三检查显示器的分辨率或刷新率是否设置过高，第四检查是否安装了不兼容的显卡驱动程序，最后检查显卡的质量。

2. 显示器闪烁

故障分析：液晶显示器最大的特点就是无闪烁、无辐射，但有时显示画面也会出现闪烁，有时画面还抖动厉害。引起显示器闪烁的原因，一是显示器设置刷新率错误，二是显示器本身的问题。

故障排除：很多液晶显示器要求标准 60 Hz 刷新率，但事实上不少显示器只有在 75 Hz 下才能避免相位问题。有些显示器正好相反，用户最好自己尝试不同的设置。显示器自身问题则需要请专业人员维修。

3. 颜色显示不正常

故障分析：发生此类故障的原因较多，有“显卡与显示器信号线接触不良”“显示器自身故障”“显卡驱动安装不正确”“显卡损坏”等。

故障排除：

(1) 显卡与显示器信号线接触不良，可通过重新拔插信号线来解决。有时可能是因为灰尘较多，需要清理一下插槽并用橡皮等工具清理显卡。对于显卡过热问题，可以在上面安装一个小风扇或者把机箱放置在通风处，显卡过热造成的颜色不正常，往往是刚开机的时候比较正常，使用一段时间之后开始失色。

(2) 造成显示器硬件问题的原因很多，如所处环境潮湿导致线路氧化、静电等都会造成颜色显示不正常。根据不同的原因采取不同的方法，如将显示器置于通风处等。

(3) 驱动安装不正确，如显卡的类型和驱动类型不一致、版本不一致等，把原有的显卡驱动卸载重新安装即可。

(4)“显卡损坏”引起的故障，更换显卡可排除故障。

4. 屏幕出现异常杂点或图案

故障分析：此故障是显卡的显存出现问题，或者是显卡与主板接触不良造成的，或是显示器本身的问题。

故障排除：清洁显卡金手指部位，或者更换显卡或更换显示器。

5. 显示器黑屏

故障分析：发生此类故障的原因有“显卡或显示器损坏”“显卡分辨率设置过高”“硬件冲突”等。

故障排除：

（1）“显卡或显示器损坏”引起的故障，首先检查显示器电缆是否牢固可靠地插入主机接口中，然后再检查显卡与主板插槽之间的接触是否良好。如果显示器和显卡安装牢靠，更换正常的显示器，如果故障依然存在，说明显卡损坏，更换显卡即可。反之，是显示器损坏，需要请专业人员维修或者更换显示器。

（2）“显卡分辨率设置过高”引起的故障，需重启计算机，在安全模式下将分辨率调整到合适的值即可。

（3）“硬件冲突”引起的故障，主要是更换或添加声卡、显卡后黑屏，即声卡和显卡发生硬件冲突，此时更换声卡或显卡即可排除故障。

6. 显示器抖动

故障分析：发生此类故障的原因较多，有“显示器刷新频率设得过低”“劣质电源或者电源设备老化”“音箱离显示器过近”“病毒”“显卡接触不良”等。

故障排除：

（1）“显示器刷新频率设得过低”引起的故障，主要由于显示器的刷新频率低于75 Hz时，屏幕会出现抖动、闪烁的现象，把刷新率适当调高，比如设置成高于85 Hz，屏幕抖动的现象一般不会再出现。

（2）“劣质电源或者电源设备老化”引起的故障，主要是使用杂牌电源，造成计算机电路不畅或者供电能力跟不上，当系统繁忙时，显示器会出现屏幕抖动现象。电源设备开始老化也会出现同样的情况，更换电源即可排除故障。

（3）“音箱离显示器过近”引起的故障，主要是音箱的磁场效应会干扰显示器的正常工作，使显示器产生屏幕抖动和串色等磁干扰现象，把音箱放在远离显示器的地方，故障即可排除。

（4）“病毒”引起的故障，主要是由于计算机病毒会扰乱屏幕显示，如字符倒置、屏幕抖动、图形翻转显示等，查杀病毒后可消除故障。

（5）“显卡接触不良”引起的故障，重新插拔显卡，可排除故障。

小提示

为减少显示故障，使用显示器应注意以下问题：

1. 显示器的放置要远离强磁场，如高压电线、音箱等。

2. 应避免灰尘进入显示器，但也不能用物品将显示器遮盖，否则热量散发不出去，会导致显示器内部温度过高而损坏。

3. 对比度可设置为最大，但亮度最好设置为最大值的70%，亮度太高对眼睛不利，并且会缩短显示器的使用寿命。

4. 清洁屏幕先用柔软的干棉布擦拭屏幕的灰尘，注意不要使用硬质物品，也不能沾水或清洁剂擦拭，否则会损坏屏幕表面的防辐射及抗静电镀膜。

5. 为追求更好的运行效果，建议经常更新显卡的驱动程序。这样能够充分发挥显卡的综合性能。

6. 长期使用显卡后，包括散热片、风扇或者显卡电路板上面会粘有大量灰尘，使用吹嘴和刷子清理上面的灰尘，能够有效提高显卡的散热效果。

任务3　声卡故障

学习目标

1. 了解计算机声卡故障的原因。
2. 能正确检测并排除声卡故障。

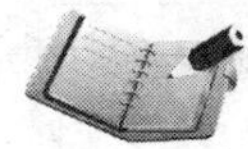

任务描述

“声卡故障”是指使用计算机过程中声卡无法正常播放声音的一种故障。本任务通过声卡的故障现象分析导致计算机无声音的原因并排除故障。

相关知识

一、声卡的常见故障现象

1. 无声。
2. 播放CD无声。
3. 播放时有噪音或爆音。
4. 播放时声音很小。
5. 无法安装声卡驱动等。

二、声音故障产生的原因

计算机声音故障既涉及硬件问题，又涉及软件问题，也有因突然死机导致的不发声、“小喇叭”图标消失等现象。因此，先要查明引起故障的原因，然后才能着手对故障进行排除。

1. 硬件故障

音箱、话筒、声卡、耳机等音频设备或音频接口的损坏。

2. 软件故障

病毒、驱动程序错误、软件设置等。

3. 人为故障

音频设备没开电源、连接错误或者设置静音等。

检修方法

一、声卡故障的排除

1. 人为因素

先检查任务栏右侧有无声音控制图标，如图3—3—1所示。

如果有声音控制图标，表示声卡正常，故障原因可能是系统声音太小，或设置了静音。可以继续通过耳机检查是否有声音输出，如果有声音输出，说明音箱存在故障。

图 3—3—1　声音控制图标

如果无声音控制图标，Windows XP 系统中，执行“控制面板”→“声音和音频设备”命令，打开“声音和音频设备属性”对话框，如图 3—3—2 所示；Windows 7 系统中，执行“控制面板”→“声音”命令，打开“声音”对话框，如图 3—3—3 所示。

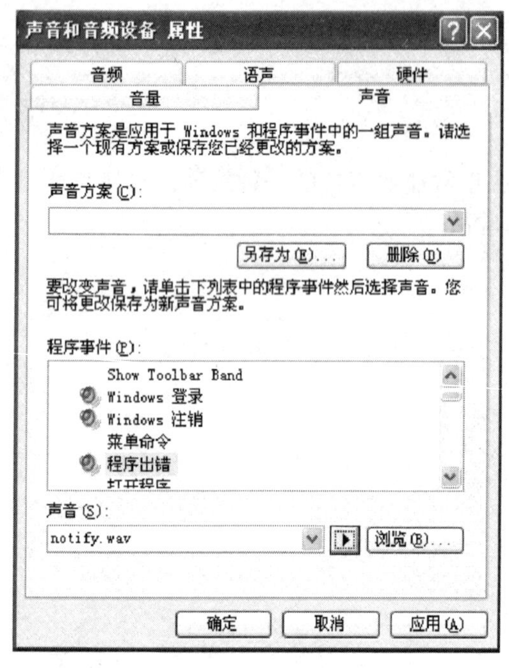

图 3—3—2　Windows XP 系统“声音”选项卡

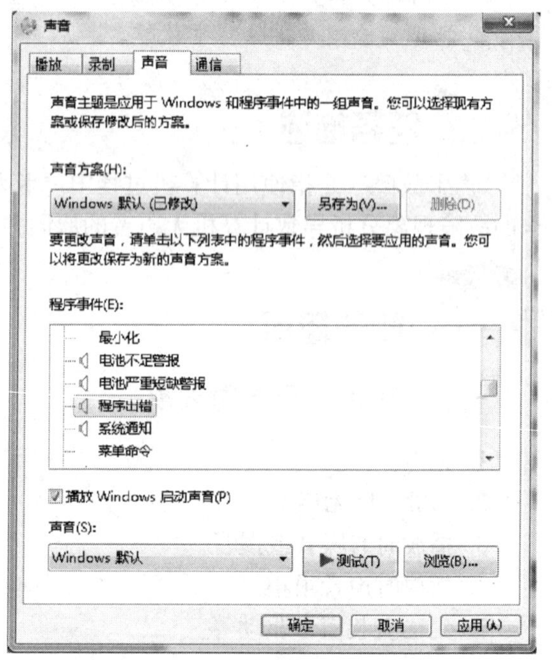

图 3—3—3　Windows 7 系统“声音”选项卡

在对话框中选择“声音”选项卡，然后在“程序事件”栏中选择其中一个程序事件（如程序出错），再从“声音”下拉列表框中选择声音种类，然后观察“预览”按钮是否变为黑色，如果“预览”按钮为黑色，则声卡正常，故障原因可能是系统音量太小，或设置了静音，或音箱故障。

2. 软件因素

如果在“声音”选项卡中选择了“程序事件”栏中的某一项，同时也选择了“声音”，但是“预览”按钮为灰色，接着查看“设备管理器”窗口中是否出现黄色“?”的选项，如图 3—3—4 所示。

如果有黄色“?”，查看选项是否为声卡设备选项（声卡设备选项中通常有“Audio”或“Sound”等关键词）。如果是声卡设备的选项，则表明声卡驱动没有安装，重新安装声卡驱动程序，无声问题即可解决。

如果有黄色“?”的选项不是指声卡设备，或没有黄色“?”的选项，那么查看声音、视频和游戏控制器选项卡下有无黄色“!”的选项，如图 3—3—5 所示。

如果有黄色“!”，说明声卡驱动不匹配，删除带“!”选项，重新安装声卡驱动即可。

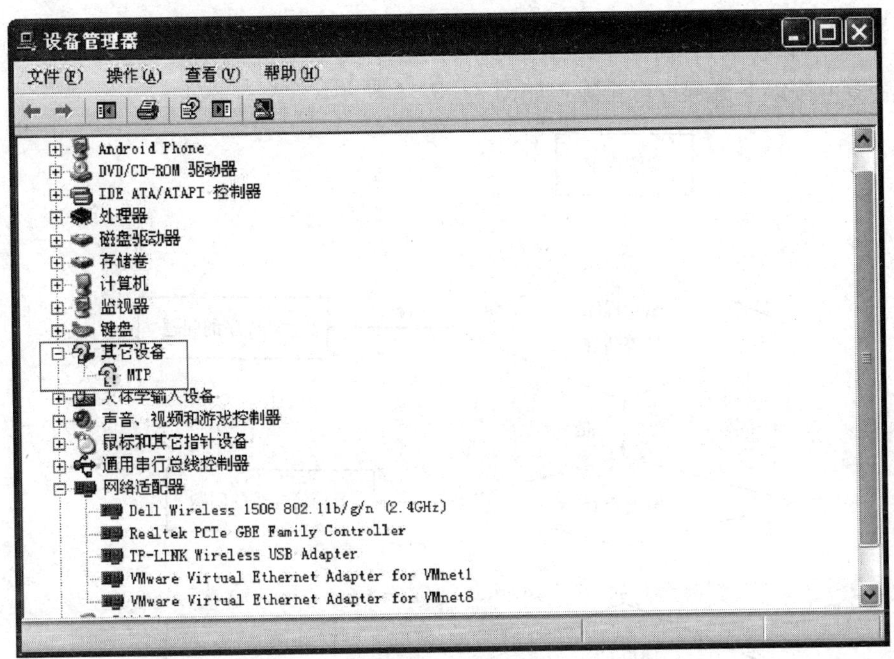

图 3—3—4 “设备管理器”窗口的“其他设备”项

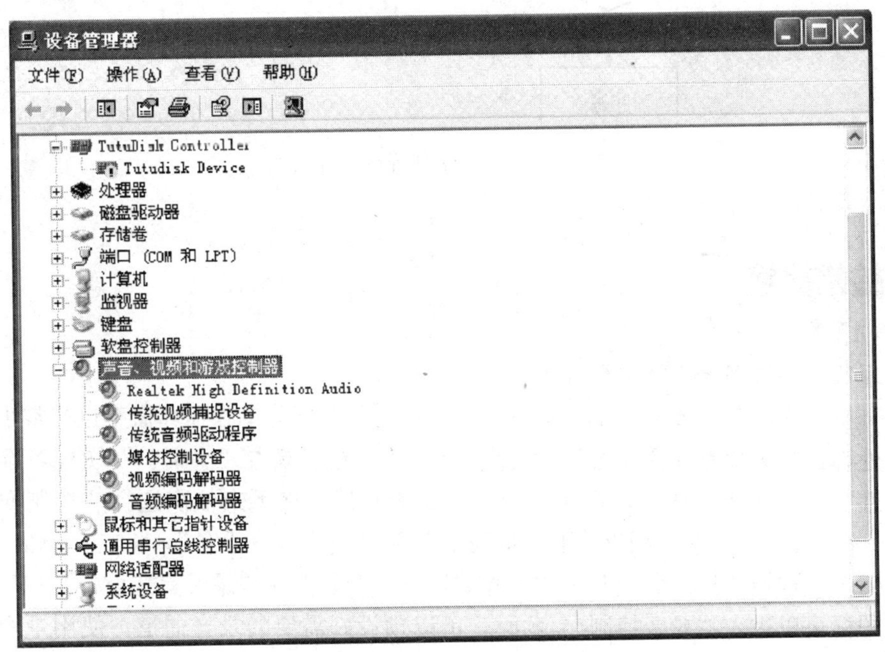

图 3—3—5 “设备管理器”窗口的“声音、视频和游戏控制器”项

3. 硬件因素

检查音箱或耳麦是否有问题、音箱或耳麦音频线与计算机连接是否良好、接口是否插对、音频连接线有无损坏。

二、声卡故障排除流程

声卡故障可按以下流程进行排除，如图 3—3—6 所示。

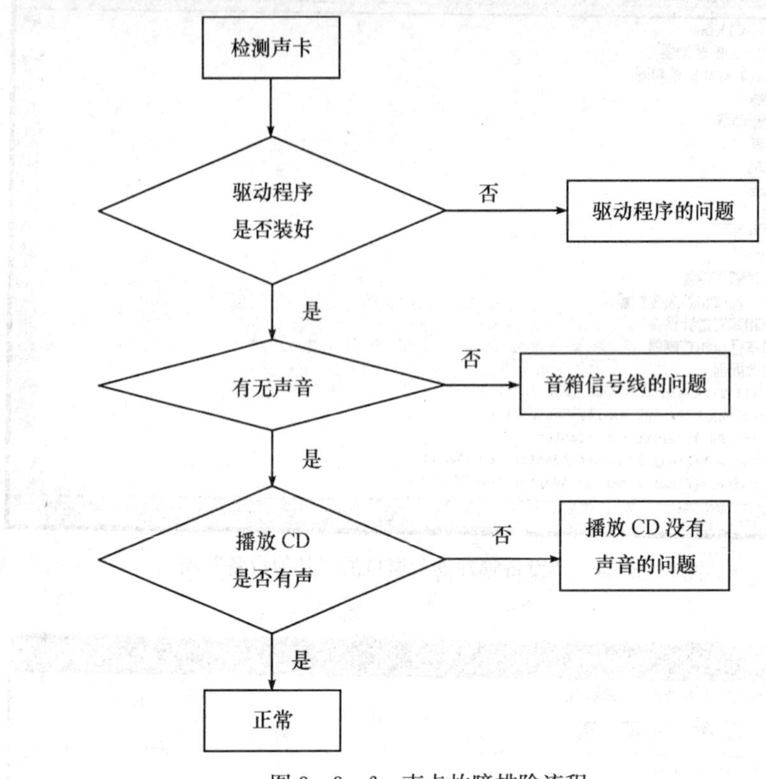

图 3—3—6　声卡故障排除流程

检修案例

【案例 1】

故障现象：集成声卡不能进行录音。

故障分析：大部分集成声卡都是全双工声卡，而录音部分单独损坏概率也非常小。

故障处理：首先检查插孔是否为“麦克风输入”，然后双击“小喇叭”图标，选择菜单上的“属性”→“录音”选项，查看各项设置是否正确。接下来依次选择“控制面板”→“多媒体”→“设备”选项，调整“混合器设备”和“线路输入设备”，将它们设为“使用”状态。然后依次选择“控制面板”→“多媒体”→“音频”→“录音首选设备”选项，单击麦克风小图标可以进入“录音控制”。此时，可以预设好需要的录音通道，使用录音功能进行录音。如果麦克风小图标变成灰色，可试着卸载声卡驱动后并重新安装即可。

【案例 2】

故障现象：安装 PCI 声卡驱动时，由于驱动程序选择错误而导致声卡不能正常工作，但删除驱动后安装正确的声卡驱动程序，仍不能正常工作。

故障分析：这种情况主要是因为 Windows 具有自动检查即插即用设备并安装驱动程序

的特性。如果先安装的驱动有错误，即使在设备管理器中将其删除，然后重新安装驱动，Windows 仍会自动匹配原来的驱动，所以声卡仍然不能发声。

故障处理：此故障不能使用添加新硬件方法来解决，可以进入“Windows \ inf \ other”目录，把与声卡相关的“.inf”文件全部删除，重新启动计算机后，手动安装声卡驱动程序即可解决问题。

小提示

为减少声音故障，应注意以下问题：

1. 保持机箱内部清洁。

2. 在主机上插拔麦克风和音箱时，一定要在关闭电源的情况下进行，以免损坏其他配件。

3. 计算机一定要接地线，否则静电可能损坏所有的电器元件。

4. 在开机、关机、重启等操作时，应将音箱音量关至最小或将电源关闭，防止大电流对音箱造成损害。

5. 安装网卡或者其他设备后，声卡如果不再发声，大多是由于兼容性问题和中断冲突引起。在更换插槽之后，进入 BIOS 的“PNP/PCI”项中，将“Reset Configuration Data”设置为“Enable”，清空 PCI 设备表，重新分配 IRQ 中断即可。

任务 4　光驱、刻录机故障

学习目标

1. 了解光驱、刻录机常见的故障现象。
2. 掌握光驱、刻录机故障的常规检查方法。
3. 能排除常见的光驱、刻录机故障。

任务描述

随着多媒体技术的广泛应用，光驱和刻录机在台式计算机中已成为标准配置。光驱（刻录机）故障主要有机械故障和软故障。本任务通过常规的检测方法排除在使用光驱、刻录机时出现的软故障，对机械故障只进行判断而不做处理。

相关知识

一、光驱、刻录机常见故障现象

1. 开机检测不到光驱、刻录机或者检测失败。
2. 进入系统以后检测不到光驱盘符。

3. 光驱读盘时有声音或发出异响。

4. 光驱挑盘或不读盘。

5. 光驱无法开关仓门。

6. 光驱读盘时蓝屏死机，或显示“无法访问光盘，设备尚未准备好”，或出现“读写错误”或“无盘”提示。

7. 光盘无法自动播放，但能浏览光盘中的文件。

8. 刻录软件找不到刻录机。

9. 光驱中放入光盘后提示“磁盘驱动器读取错误”。

10. 光驱指示灯不亮，没有反应。

11. 光盘刻录过程中，经常出现刻录失败。

12. 安装刻录机后不能启动计算机。

二、光驱、刻录机故障产生的原因

1. 激光头脏、老化或损坏。

2. 光盘进出盒异常。

3. 机械组件老化或损坏。

4. 光盘变形或盗版光盘。

5. 光驱、刻录机内部电路电源过载能力差、冲击电流过大。

6. 驱动程序丢失或损坏、感染病毒。

7. 光驱、刻录机连接不当或跳线不正确。

检修方法

一、光驱、刻录机故障的常规检查方法

1. 查看光驱、刻录机的电源指示灯是否点亮。

2. 检查电源指示灯是否正常工作。

3. 如果电源接口连接正常，检查是否识别光驱、刻录机。

4. 如果能识别光驱，检查读盘是否正常。

5. 如果读盘正常，检查刻录机写盘是否正常。

6. 如果写盘不正常，检测刻录机驱动程序。

7. 检测计算机病毒。

8. 检测光驱、刻录机内部组件。

二、光驱、刻录机常见故障的排除

1. 光驱不读盘

故障分析：激光头脏或老化、光盘划痕严重。

故障排除：更换光盘重试，如果故障依然存在，使用清洗盘清洗激光头。

小提示

长时间使用光驱，光驱的激光头读盘能力就会降低，导致很多光盘读不出来或读盘速度变慢，需要清洗光驱激光头，清洗方法如下：

1. 自动清洗

自动清洗方法简单，将计算机光驱清洗盘放入光驱中播放，播放完后取出清洗盘，光驱清洗完毕。

2. 手工清洗

打开光驱外壳，用干净的棉签，蘸一点酒精在激光头（光驱中央位置的玻璃状小圆球）表面轻轻擦拭，擦完等酒精蒸发干后，把光驱外壳盖上即可。

2. 光驱、刻录机读盘有困难

故障分析：激光头有灰尘或机械故障。

故障排除：用清洗盘清洗，如果故障依然存在，检查光驱、刻录机读盘时声音是否异常。如果声音异常，光驱、刻录机有机械故障。

3. 开机检测不到光驱、刻录机或检测失败

故障分析：光驱、刻录机驱动程序损坏或丢失、接口接触不良、数据线损坏。

故障排除：检查光驱、刻录机的数据线接头是否松动，如果没有插好，重新拔插。如果仍不能解决故障，更换新的数据线重试。如果故障依然存在，需要检查光驱、刻录机驱动程序。

4. 光驱、刻录机指示灯不亮，没有反应

故障分析：光驱、刻录机电源问题或电子部件故障。

故障排除：检测光驱、刻录机电源插头和电源接口是否正常。如果正常，即光驱、刻录机电子部件有故障，需要更换光驱、刻录机或送回厂家维修。

5. 刻录软件找不到刻录机

故障分析：刻录机没有被正确识别或刻录软件不支持该刻录机。

故障排除：检查刻录机的电源、数据线连接是否正常。如果正常，再检查刻录机驱动程序是否正常。如果正常，再检查刻录软件与刻录机是否匹配。

6. 安装刻录机后无法启动计算机

故障分析：刻录机与主机没有正确连接。

故障排除：检查刻录机的电源、数据线连接是否正常。如果正常，再检查刻录机接口的跳线设置是否正确。

三、光驱、刻录机故障排除流程

光驱、刻录机出现故障时，首先根据故障现象判定故障所属类别，然后进行相应的处理，故障排除流程如图 3—4—1 所示。

检修案例

【案例】

故障现象：光驱盘符找不到，但在硬件的设备管理器里可以看到。

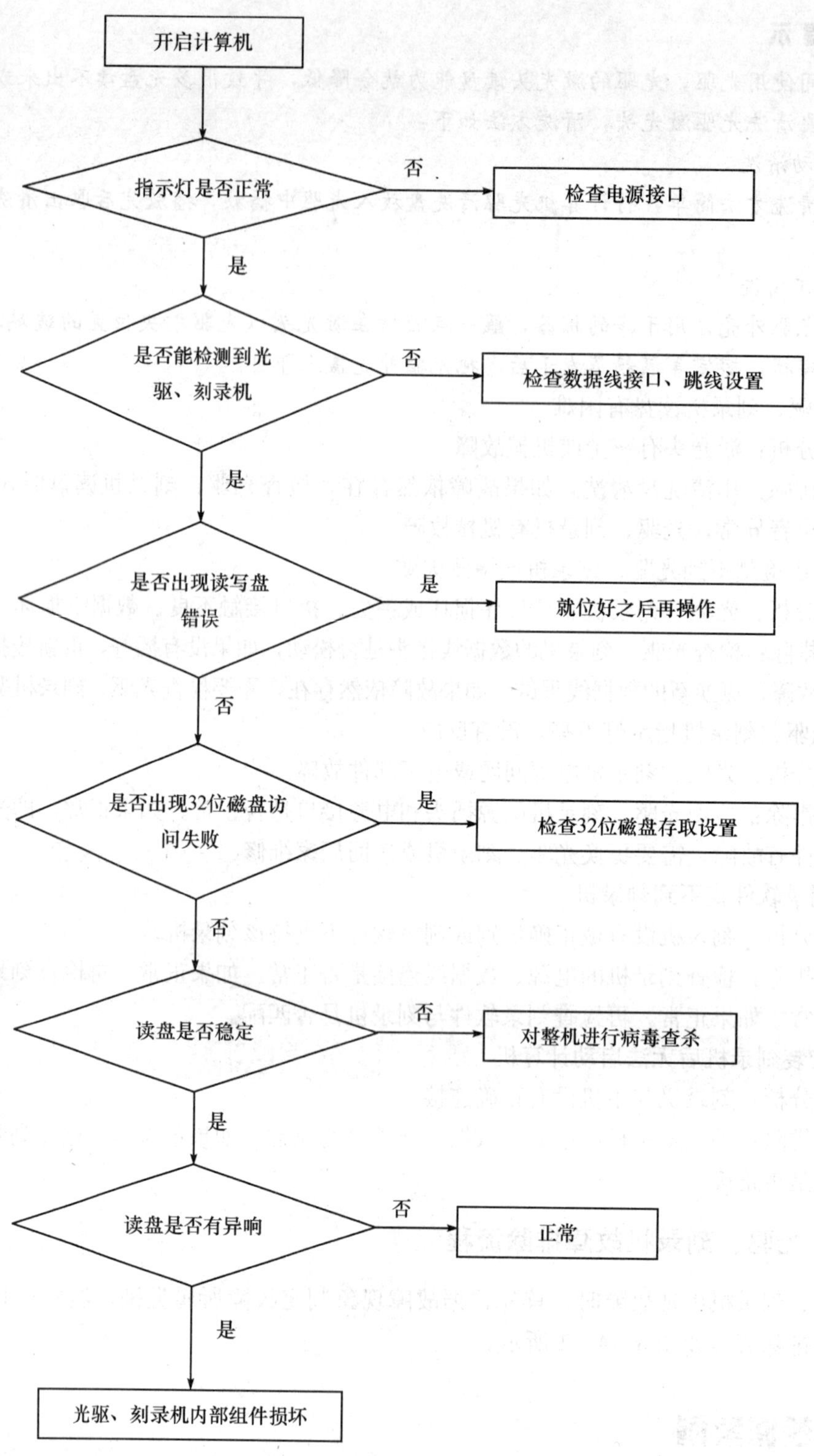

图 3—4—1　光驱、刻录机故障排除流程

故障分析：系统没有正确分配盘符。

故障处理：在“我的电脑”图标上单击鼠标右键，从快捷菜单中选择“管理”命令，打开“计算机管理”窗口，选择“磁盘管理”选项，如图 3—4—2 所示。

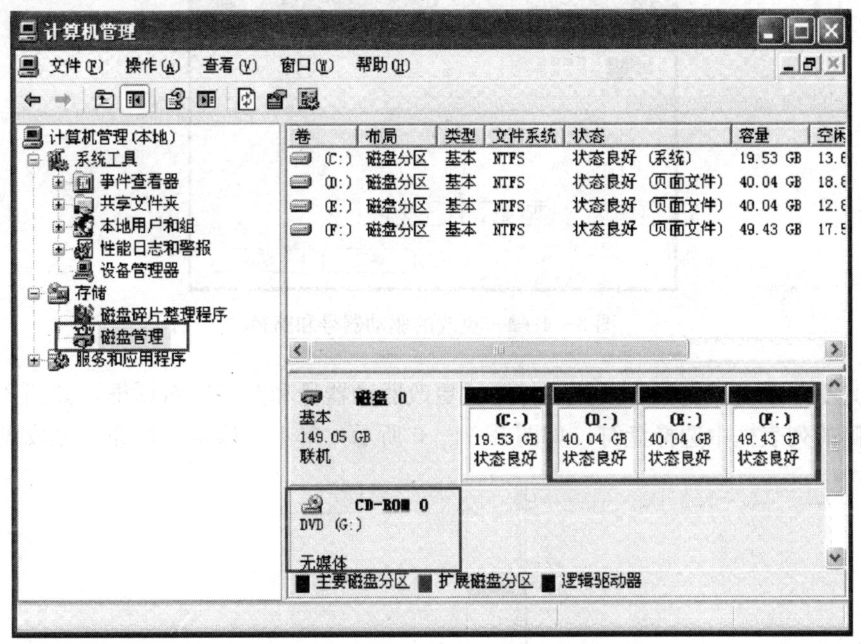

图 3—4—2　“计算机管理”窗口

找到光驱并单击鼠标右键，选择“更改驱动器名和路径”命令，如图 3—4—3 所示。执

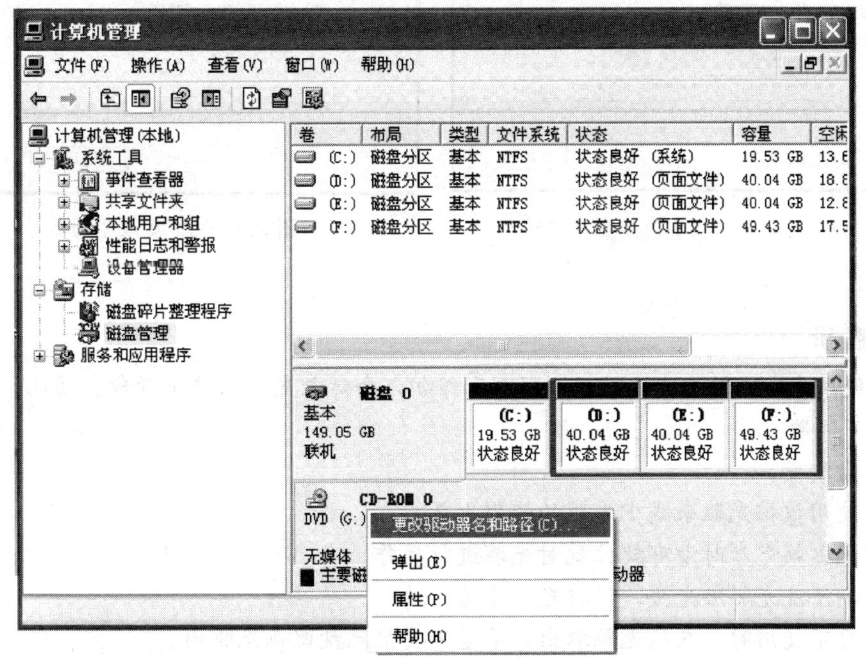

图 3—4—3　更改驱动器名和路径

行“更改驱动器名和路径”命令，打开“更改的驱动器号和路径”对话框，如图 3—4—4 所示。

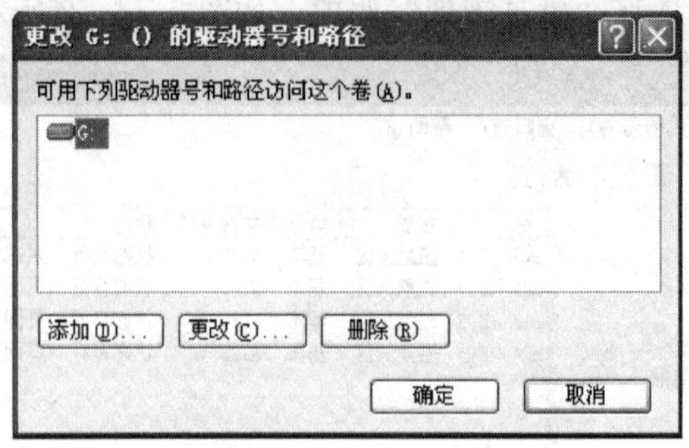

图 3—4—4　更改的驱动器号和路径

选择光驱并单击“更改”按钮，打开“更改驱动器号和路径”对话框，如图 3—4—5 所示。从右侧的列表框中选择盘符，如图 3—4—6 所示，单击“确定”按钮，完成盘符分配。

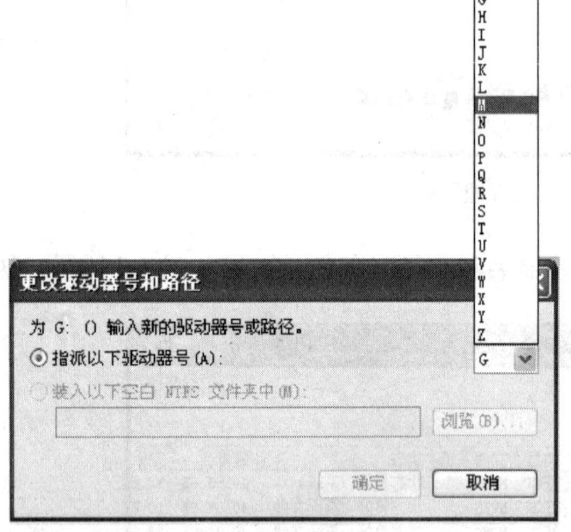

图 3—4—5　选择要更改的驱动器号

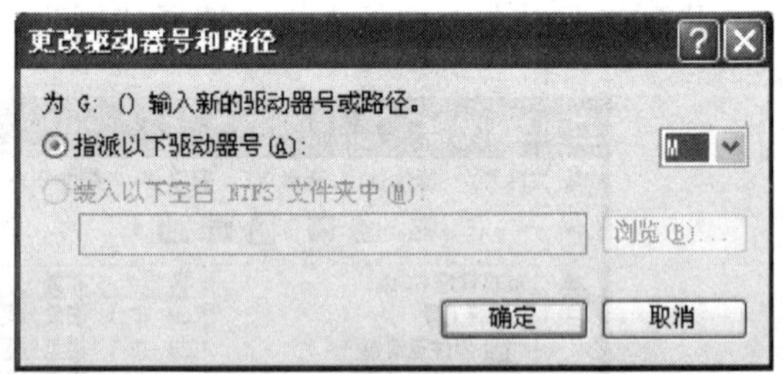

图 3—4—6　更改驱动器号

小提示

光驱使用寿命比较短，如果注意保养和维护，会延长光驱的使用寿命。因此，使用光驱应注意以下问题：

1. 光盘质量。
2. 多使用虚拟光驱来减少光驱的使用次数。
3. 避免更换光盘时没有就位就对光驱进行操作。
4. 定期清洗光驱激光头，保持光驱清洁。
5. 光盘不使用时，应从光驱取出，尽量不要把光盘留在光驱内。

任务5　打印机故障

学习目标

1. 了解常见打印机故障现象。
2. 掌握打印机故障的常规检查方法。
3. 能正确检测并排除常见的打印机故障。

任务描述

打印机无法打印故障是指从计算机发送打印命令后，打印机无法响应的一种故障。本任务通过打印机的常规检查方法来找出打印机无法打印的原因和相应的处理方法。

相关知识

一、常见的打印机故障现象

1. 打印机不响应。
2. 计算机无法识别打印机。
3. 打印全白、全黑，或横条白线或打印出现乱码。
4. 打印卡纸或不进纸。
5. 打印时提示出错信息。
6. 指示灯紊乱。
7. 网络打印不能使用。

二、打印机故障产生的原因

引起打印机故障的原因有很多，有计算机的原因，也有打印机的原因，归纳为如下几点。

1. 驱动程序错误。
2. 打印电缆线松动或损坏。
3. 打印机数据接口损坏。
4. 计算机上的打印机接口损坏。
5. 打印机本身故障。
6. 病毒。
7. 网络打印设置错误。

三、打印机故障的常规检查方法

打印机无法打印故障既有硬件原因，又有软件原因，其检查方法如下。

1. 打印机电源指示灯是否亮着。

2. 电源指示灯是否正常。

3. 如果不能打印，查看打印测试页是否正常。

4. 查看打印机是否已设置为默认打印机。

5. 如果仍不能打印，查看 BIOS 设置中打印机项是否开启。

6. 查看计算机是否感染病毒。

7. 如果仍不能打印，查看打印驱动程序是否正常。

8. 检查打印机自身是否存在故障。

检修方法

一、常见打印机故障的排除

1. 指示灯故障

故障分析：指示灯出现故障主要是带电更换墨盒导致“墨尽”灯常亮不息，打印机中没有纸、打印机机盖没盖好、打印机卡纸等引起 READY 灯由绿色变黄色等原因。

故障排除：首先，查看打印机中是否有纸；其次，查看打印机机盖是否盖好；再次，检查打印机是否卡纸；最后，检查是否带电更换墨盒。

2. 字迹模糊、精度变差

故障分析：打印时墨迹稀少，字迹无法辨认，打印精度逐渐变差，该故障多数是由于墨水输送系统故障、喷头堵塞等原因造成。

故障排除：首先，查看喷头堵塞是否严重，若喷头堵塞严重，则清洁喷头 3～5 次，可解决字迹无法辨认故障；其次，查看墨盒是否用尽，若是墨盒中的墨用尽，则更换新的墨盒，以解决墨迹稀少、字迹模糊的故障；再次，若打印精度依然得不到改善，则很可能是受墨盒和喷头使用寿命影响，造成精度变差，则需更换新的墨盒和喷头；最后，若打印机是新的，则可能购买的是假墨盒或使用的墨盒是非原装产品，建议立即更换墨盒。

3. 打印机出现乱码

故障分析：打印机出现乱码主要有打印机驱动问题、打印机问题、数据传输问题和系统文件损坏或丢失等原因造成打印异常或乱码。乱码表现为打印机发送的打印作业一切正常，打印机开始工作，从头到尾工作正常，但是打印出来的文档错行、乱码、错位、缺失等。

故障排除：首先，执行打印测试页，以测试打印机是否正常，若测试页不正常，则重新安装驱动；其次，把本台打印机拿到别的正常打印的计算机上试一下，查看是否也是乱码，如果打印正常，则是打印机本身问题；再次，若非以上两个问题引起，就要考虑数据传输问题；最后，若以上三个问题均不能达到目的，则要考虑系统文件损坏或丢失的可能，需重新安装系统文件。

4. 打印时卡纸

故障分析：打印机出现卡纸现象主要有搓纸轮不干净、纸张有问题、粉盒有异物等原因。

故障排除：首先，若纸张根本没动就报卡纸，查看搓纸轮是否脏污；其次，若纸张刚进就报卡纸，查看纸张的位置是否有异物，可以先轻轻地顺着走纸道的方向把纸拿出来，清除异物；再次，查看粉盒部位是否有问题，若每次都卡在粉盒下面，则需更换粉盒；最后，若非以上三个问题造成，则根据打印机显示屏的报错信息，查看打印机说明书按照步骤排除问题。

二、打印机故障排除流程

打印机出现印故障时，首先根据故障现象来判定故障的类别，然后进行相应的处理。排除流程如图 3—5—1 所示。

检修案例

【案例 1】

故障现象：在检查了线缆接口和打印机指示灯都正常的情况下，打印机仍然无法打印。

故障分析：打印机设置问题。

故障排除：执行“开始”→“打印机和传真”命令，打开“打印机和传真”窗口，选中安装的打印机并单击鼠标右键，从快捷菜单中选择“设为默认打印机”命令，将打印机设置为默认打印机，如图 3—5—2 所示。

从快捷菜单中选择“属性”命令，打开“打印机属性”对话框，选择“端口”选项卡，设置打印端口，如图 3—5—3 所示。重新设置后故障排除。

【案例 2】

故障现象：给某台喷墨打印机的墨盒注墨后，联机打印为黑白打印，并且电源指示灯闪烁，显示为脱机。

故障分析：因彩色打印灯正常，排除打印机连接和电源故障，考虑新给墨盒注过墨，可能是墨盒没装好。

故障排除：取消打印任务，打开打印机盖，重新将墨盒安装一次，再打开打印机，故障依然存在。再次取下墨盒，将墨盒和打印机上的接触点用纸巾擦拭，然后故障排除。

【案例 3】

故障现象：打印机指示灯常亮。

故障分析：该故障主要是带电更换墨盒导致“墨尽”灯常亮，打印机中没有纸、打印机机盖没盖好、打印机卡纸引起 READY 灯变黄色等原因引起。

故障排除：如果打印机中纸放好、机盖盖好，READY 灯仍是黄色，此时应该是打印机卡纸。如果 READY 灯正常而“墨尽”灯亮，应该是带电更换墨盒引起的故障。

【案例 4】

故障现象：打印时卡纸。

故障分析：打印机出现卡纸的原因主要有搓纸轮不干净、打印纸有问题、粉盒有异物等。

故障排除：如果是打印纸张根本没动就报卡纸，需要查看搓纸轮是否脏污并进行清理；如果是打印机刚进纸就卡纸，先轻轻地顺着走纸道的方向把纸拿出来，查看纸张的位置是否有异物并清除；如果每次打印纸都卡在粉盒或墨盒下面，可能是粉盒或墨盒有问题，则更换粉盒或墨盒；如果故障依然存在，送专业人员维修。

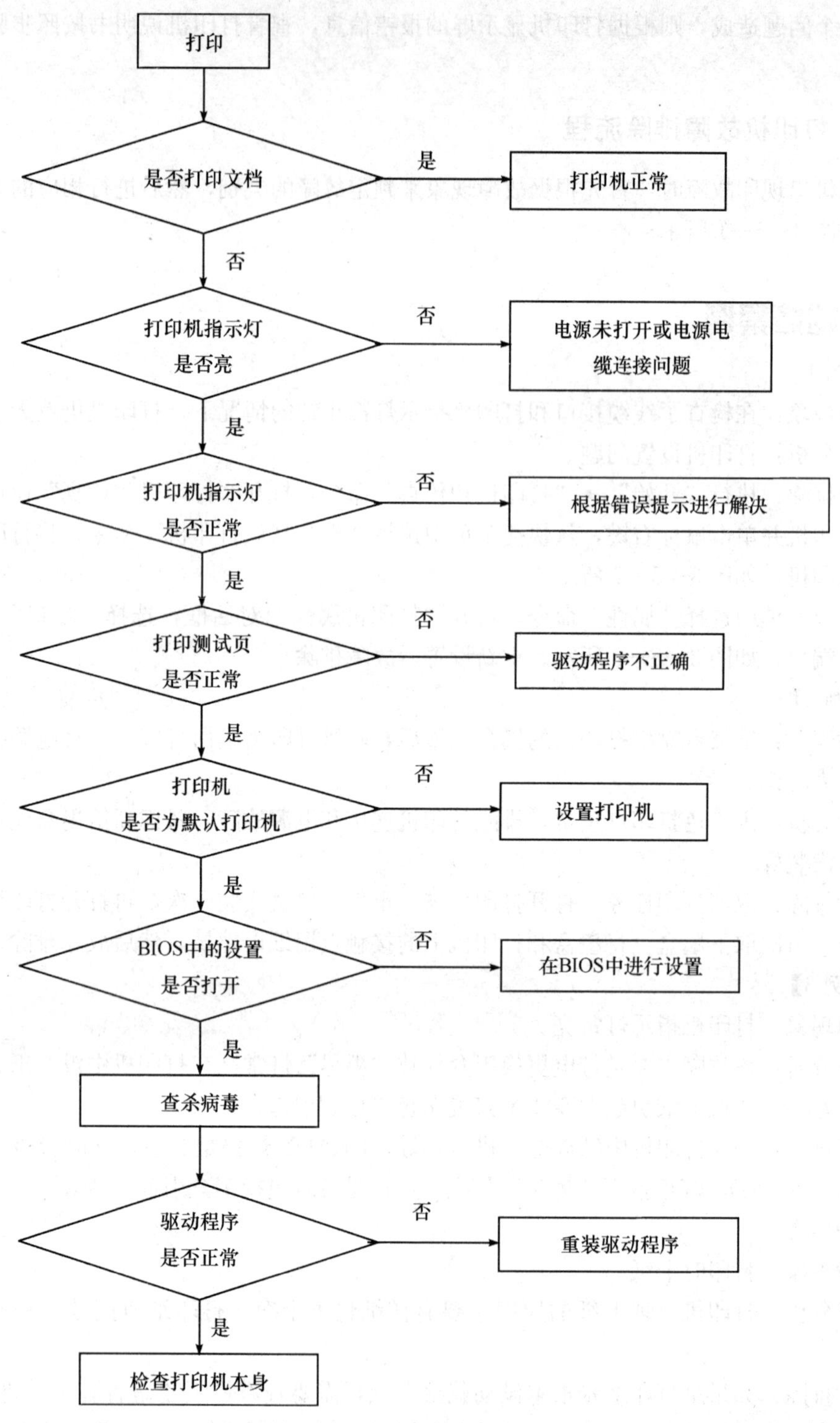

图 3—5—1　打印机无法打印故障排除流程

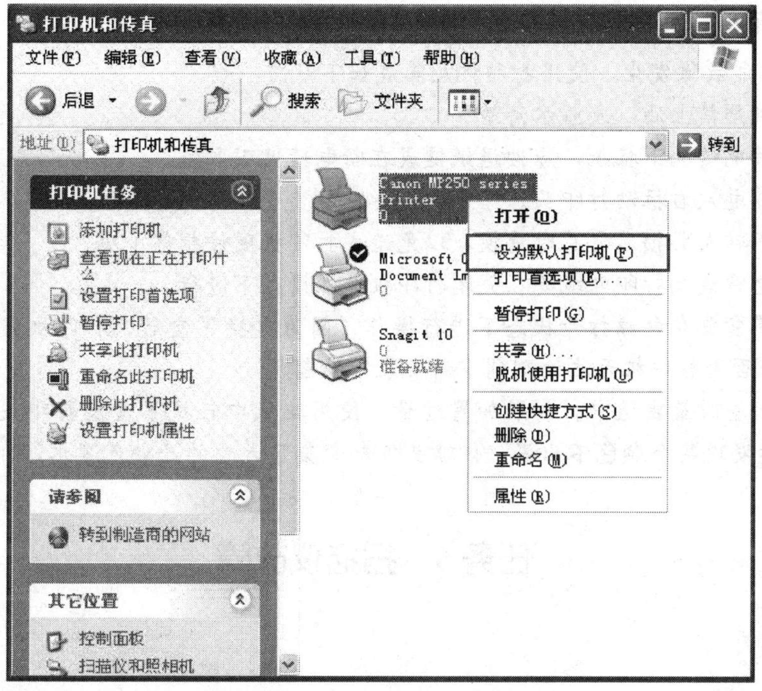

图 3—5—2 默认打印机和传真

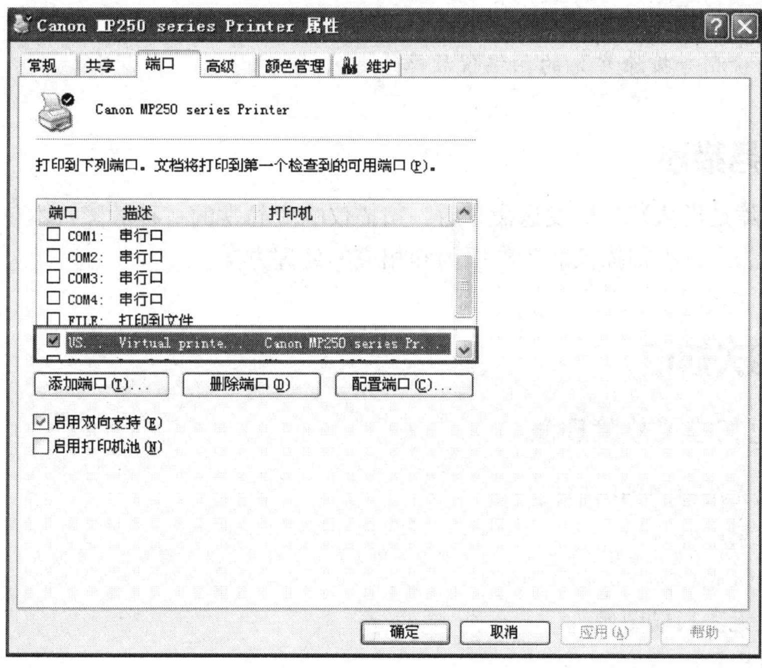

图 3—5—3 设置打印端口

小提示

为减少打印故障发生，使用打印机应养成如下习惯：

1. 打印机严禁上油，或蘸水清洁。

2. 不在带电情况下抽纸，应按退纸键或在断电情况下取纸。

3. 严禁带电左右拉动打印头。

4. 色带不转或磨损后要及时更换，以免造成打印机硬件损坏。

5. 插拔电源线及打印电缆要在关闭打印机电源情况下进行。

6. 更换墨盒要在电源打开状态下进行操作，因为更换墨盒后，打印机将对墨水输送系统进行充墨，否则打印机无法检测到重新安装的墨盒。

7. 墨盒加墨时量要适中。如果加墨过量，使用软纸巾轻拭墨盒及打印头，将多余墨水吸干（注墨后发现某个颜色不出墨，但喷头外却聚集了大量的此颜色墨水，即为注墨过量）。

任务6　扫描仪故障

学习目标

1. 了解扫描仪常见的故障现象。

2. 掌握扫描仪故障的常规检查方法。

3. 能正确检测并排除常见的扫描仪故障。

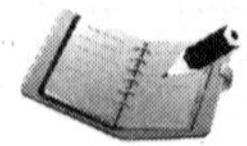

任务描述

扫描仪故障是指从计算机发送命令后，扫描仪响应异常的一种故障。本任务通过扫描仪的常规检查方法来找出扫描仪故障的原因和相应的处理方法。

相关知识

一、常见扫描仪故障现象

1. 计算机无法检测到扫描仪。

2. 扫描效果不好。

3. 扫描仪灯光异常。

4. 扫描仪无法扫描图像。

5. 扫描时提示出错信息。

6. 扫描仪不进纸。

7. 扫描仪噪音大。

8. 扫描图像不完整。

二、扫描仪故障产生的原因

1. 开机顺序错误。
2. 扫描仪电缆线松动或损坏。
3. 扫描仪驱动程序损坏。
4. 扫描仪与其他设备冲突。
5. 系统 BIOS 设置有误。
6. 扫描仪自身原因。

三、扫描仪故障的常规检查方法

扫描仪故障既有硬件原因，又有软件原因，其检查方法如下。

1. 计算机是否识别扫描仪。
2. 扫描仪电源指示灯是否亮。
3. 扫描仪电源指示灯是否正常。
4. 扫描仪稿件台是否有灰尘。
5. 扫描仪驱动是否与其他驱动冲突。
6. BIOS 设置是否有错误。
7. 扫描仪的工作环境。
8. 扫描仪本身机械部件是否损坏。

检修方法

一、常见扫描仪故障的排除

1. 找不到扫描仪或提示扫描仪没有连接好

故障分析：此故障可能是扫描仪与计算机的连接线或电源线没接好，重装系统和使用安全软件自动优化后，使扫描仪对应的系统服务和监控功能失效。

故障排除：首先检查扫描仪的电源及线路接口是否连接好、是否开启扫描仪电源。如果故障依然存在，检查扫描仪是否通过自检，指示灯是否稳定地亮着。如果指示灯不停地闪烁，需重新安装驱动程序，通过“设备管理器”查看扫描仪与其他设备有无冲突。

2. 扫描仪 Ready 灯不亮

故障分析：此故障是由用户开机顺序错误、电源线缆接触不良、用户自身忘记开电源、扫描仪本身引起的故障等造成的。

故障排除：首先查看电源指示灯是否亮着、扫描仪 Ready 灯是否正常，然后查看是否按照扫描仪说明书所说的开机顺序开启。

3. 扫描仪时断时续而且时间加长

故障分析：此故障是由于系统参数配置文件损坏、内存不足、软件设置不当、BIOS 设置不当等原因造成的。

故障排除：首先，查看扫描仪反射镜上是否有灰尘并进行清除，查看扫描仪内存空间是否足够。然后查看软件配置文件的参数设置是否合适；BIOS 设置是否正确并重新设置 BI-

OS参数。

4. 扫描仪色彩不够艳丽

故障分析：此故障是由显示器的亮度、对比度设置不正确或线路设置有误导致的。

故障排除：首先，进行色彩校正、调整显示器的亮度、对比度等设置，然后查看线路设置并更改线路设置。

5. 扫描仪无法扫描图像

故障分析：扫描仪无法扫描图像的主要原因为接口、线路问题、驱动程序冲突以及扫描仪本身机械部件损坏等。

故障排除：首先，查看扫描仪电缆线是否松动或损坏、查看驱动程序是否冲突，卸载驱动程序并重新安装。若问题仍不能解决，则检测扫描仪本身机械部件是否损坏。

二、扫描仪故障排除流程

扫描仪出现故障时，首先根据故障现象判定故障所属类别，然后对其进行相应的处理，故障排除流程如图 3—6—1 所示。

【案例 1】

故障现象：计算机连接扫描仪，扫描仪可以使用，但扫描进度条到 100%时经常死机，不能正常退出。

故障原因：内存不足。

故障排除：对计算机系统进行深度优化，重新启动计算机后故障排除。

小提示

扫描仪安装方法：先安装扫描仪驱动程序，当程序要求检测扫描仪，或者提示打开扫描仪电源时，再将扫描仪连接到计算机上。

【案例 2】

故障现象：将扫描仪带电热插拔后，再次插到计算机上无法被系统识别。

故障分析：在扫描仪工作过程中如果“强行”拔出，扫描仪接口容易出现假死现象，严重的可导致扫描仪或计算机的 USB 接口烧毁。

故障处理：将扫描仪的驱动程序卸载，然后重新启动计算机，将驱动程序重新安装，故障排除。

【案例 3】

故障现象：扫描仪执行扫描任务时工作正常，但在 Photoshop 程序中执行照片扫描操作时，时常出现扫描的图像空白或者错误提示，如图 3—6—2 所示。

故障分析：Photoshop 软件可以使用，排除软件问题。根据扫描故障排除流程，可能是扫描仪软件设置方面不正确。

故障排除：打开“控制面板”窗口，找到扫描仪设备，用鼠标双击该设备图标，打开“扫描仪属性”对话框，选择“事件”选项卡，如图 3—6—3 所示。

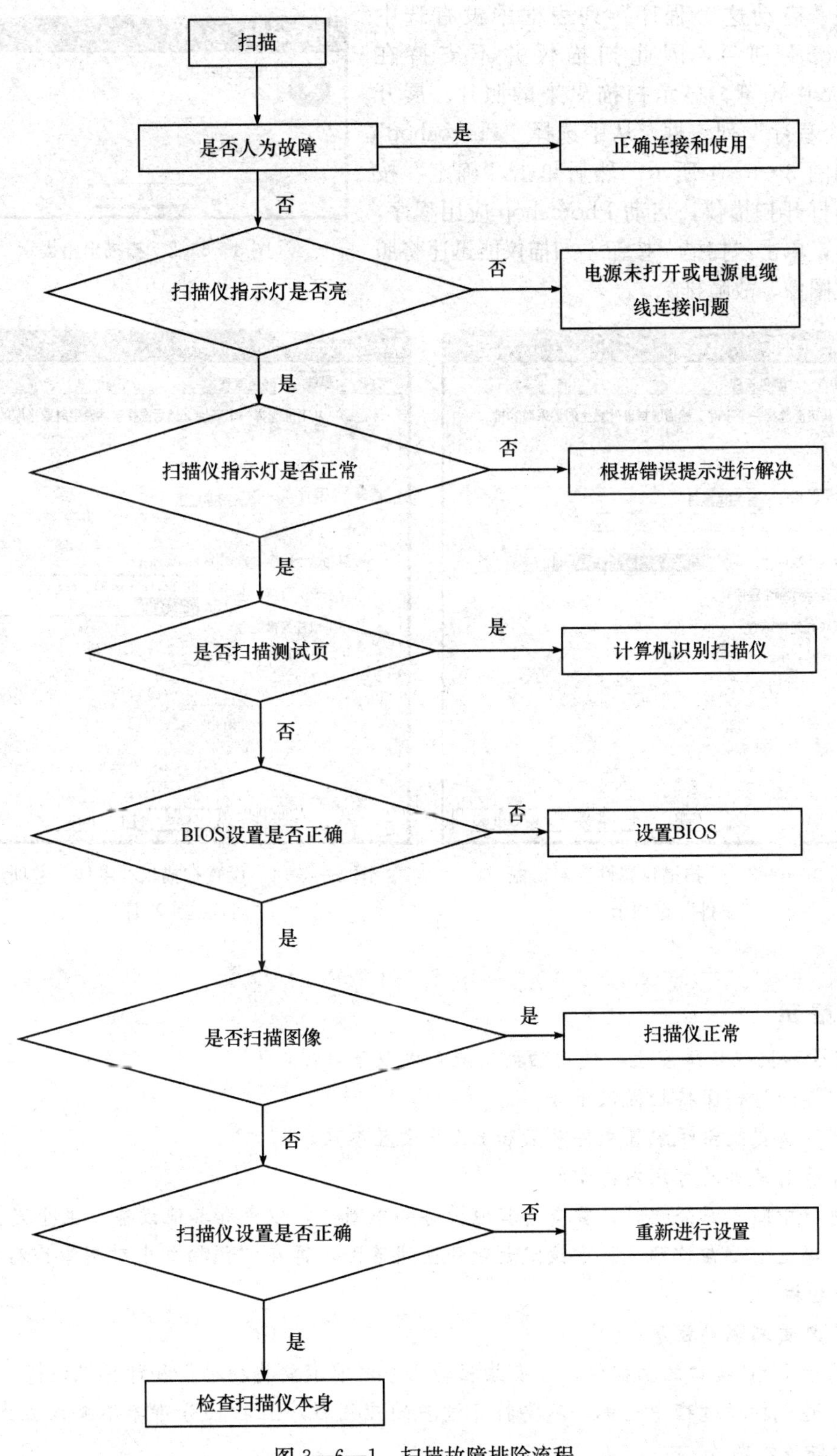

图 3—6—1　扫描故障排除流程

发现“启动这个程序”列表框中没有选中“Photoshop”项目，因此扫描仪并不支持在Photoshop中预览、显示扫描出来的照片。展开“启动这个程序”列表框，从中选择“Photoshop”项目，如图3—6—4所示。然后单击“确定”按钮，重新打开扫描仪，启动Photoshop应用程序，导入图片，单击“扫描”按钮，扫描仪能迅速将照片扫描成图像，故障排除。

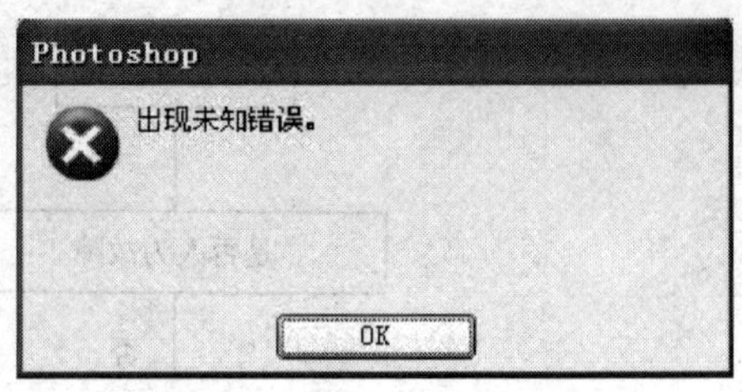

图3—6—2　扫描出错提示

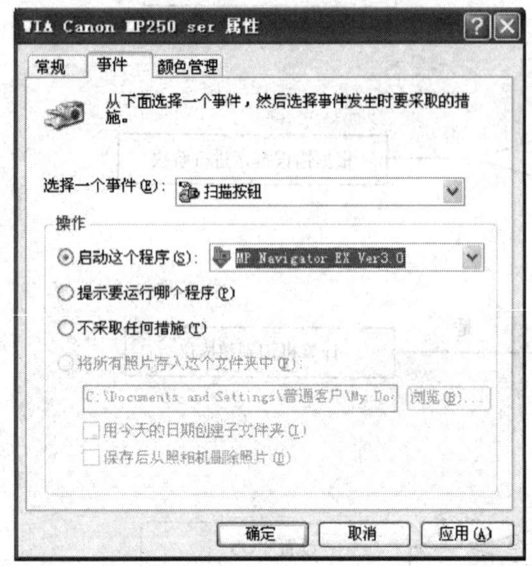

图3—6—3　“扫描仪属性”对话框“事件”选项卡

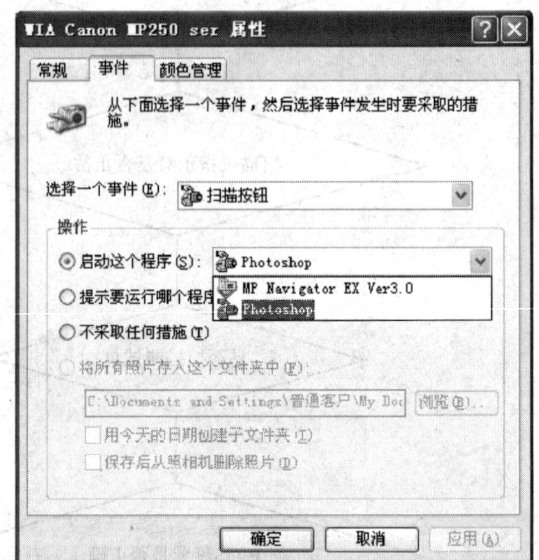

图3—6—4　设置扫描仪“事件”选项卡的“启动这个程序”项

小提示

为减少扫描仪故障发生，使用扫描仪应养成以下习惯：

1. 定期清洁，保持扫描仪干净。

2. 不随意更改系统配置文件参数和BIOS设置参数。

3. 系统有足够的可用内存空间。

4. 进行中断资源分配时，要查看其他设备的中断号，以免和其他设备发生冲突。

5. 扫描之前要在“预览”中设定大致的区域范围，再在“预扫”中对图像作对比设定，最后进行扫描。

6. 定期更新驱动程序。

7. 对于USB接口的扫描仪，在安装驱动程序之前不要将扫描仪和计算机连接。

8. 为避免扫描过程中死机，不要打开过多的应用程序且扫描分辨率不要设置太高，一次不要扫描多幅图片。

项目四　其他常见故障及系统维护

计算机使用过程中出现的故障多变而复杂，除了开机启动故障、系统运行故障和外设故障外，还时常出现其他故障，例如，不能识别设备、日常维护不当引起的计算机软硬件故障等。本项目从“设备识别错误”“系统优化”“Windows PE 系统维护”三个学习任务来学习计算机其他常见故障及系统维护。通过本任务相关知识的学习和基本技能的训练，巩固和提高计算机软、硬件系统故障诊断和排除的实践能力。

任务 1　设备识别错误

学习目标

1. 了解常见的设备管理器报错代码。
2. 掌握设备识别错误的原因和一般解决方法。
3. 能排除常见的设备识别错误。

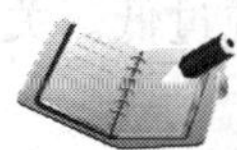

任务描述

设备识别错误是指在计算机使用某些硬件设备过程中，显示器屏幕提示“设备识别错误”或“无法识别的设备”等提示信息的一种故障现象。引起设备识别错误的原因多种多样，有的比较简单，有的需要进行多种故障原因的排除。本任务通过“USB 设备无法识别”来找出其中的原因和相应的处理方法。

相关知识

一、设备管理器报错代码

1. 设备管理器报错代码查看

打开“设备管理器”窗口，双击设备类型，即可看到该类别中的设备，双击设备可查看其属性（例如双击键盘）。如果已经生成错误代码，代码将出现在“常规”选项卡的设备状态框中，如图 4—1—1 所示。

2. 常见设备管理器错误代码及解决方案

报错代码 1：This device is not configured correctly.

解决方案：该设备未安装驱动程序或配置不正确。安装正确的驱动程序或“更新驱动程序”来解决。

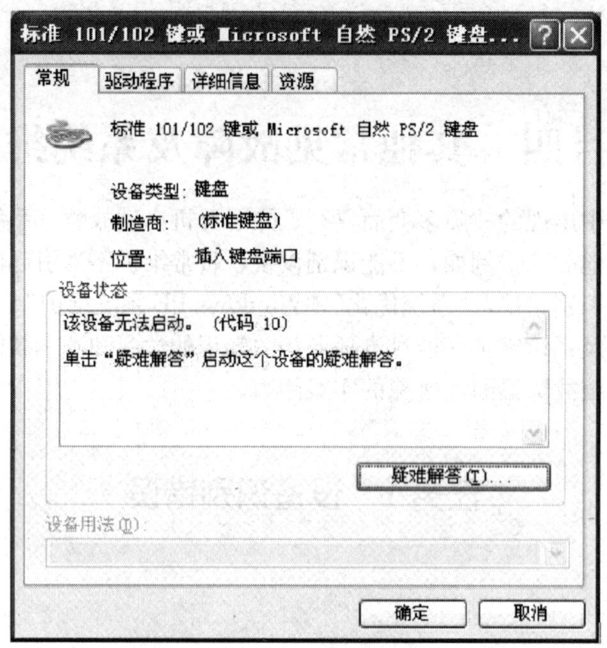

图 4—1—1　键盘设备报错代码

报错代码 3：The driver for this device might be corrupted，or your system may be running low on memory or other resources.

解决方案：该设备驱动程序有可能被破坏，或者系统可用物理内存、其他资源过低。关闭不必要的程序释放内存，或重新安装驱动程序。

报错代码 10：This device cannot start.

解决方案：设备无法启动。单击“更新驱动程序”按钮，更新该设备的驱动程序。在设备的“常规”选项卡上，单击“疑难解答”按钮，启动“疑难解答向导”窗口。

报错代码 12：This device cannot find enough free resources that it can use. If you want to use this device，you will need to disable one of the other devices on this system.

解决方案：已为两台设备分配了相同的 I/O 端口、相同的中断或相同的直接内存访问通道（由 BIOS、操作系统或二者组合进行分配）。如果 BIOS 没有给设备分配足够的资源，也会出现此错误信息。可以使用设备管理器确定冲突位置，并禁用冲突设备。在设备的“常规”选项卡上，单击“疑难解答”按钮，启动“疑难解答向导”窗口。

报错代码 14：This device cannot work properly until you restart your computer.

解决方案：该设备无法正确使用，除非重新启动计算机。该设备的驱动程序也许安装正确，由于安装后未重新启动，因此不能正确使用。

报错代码 18：Reinstall the drivers for this device.

解决方案：必须重新安装该设备的驱动程序。单击“更新驱动程序”按钮，启动“硬件更新向导”对话框。也可以卸载该驱动程序，然后单击“扫描检测硬件改动”按钮，以重新加载驱动程序。

报错代码 19：Windows cannot start this hardware device because its configuration information（in the registry）is incomplete or damaged. To fix this problem you can first try running a Troubleshooting Wizard. If that does not work，you should uninstall and then re-install the hardware device.

解决方案：注册表也许被损坏，或此设备有关的注册表设置信息不正确或者有冲突。尝试卸载并重新安装驱动程序，或尝试利用系统还原功能，将系统还原到较早的一个该设备运行正常的时间段。

报错代码 21：Windows is removing this device.

解决方案：系统正在移除设备，等待一段时间并刷新设备管理器。如果设备仍然显示，重新启动即可。

报错代码 22：This device is disabled.

解决方案：该设备被设备管理器禁用了。单击“启用设备”按钮，重新启用该设备。

报错代码 24：This device is not present，is not working properly，or does not have all its drivers installed.

解决方案：设备无法显示、无法正确工作或者没有安装完整的驱动程序。该错误由损坏的硬件、损坏的驱动程序或者不兼容的驱动程序引起。该信息也会出现在使用“移除设备”选项后。

报错代码 28：The drivers for this device are not installed.

解决方案：该设备的驱动程序没有安装，需要安装正确的驱动程序。

报错代码 31：This device is not working properly becauseWindows cannot load the drivers required for this device.

解决方案：由于兼容性问题，Windows 无法加载驱动程序。下载具有兼容性的驱动程序并重新安装。

小提示

想了解更多设备管理器错误代码，可打开微软知识库网址：http://support.microsoft.com，搜索“设备管理器”，如图 4—1—2 所示。

二、USB 设备无法识别的原因

现在大多数计算机都集成 USB 口，由于 USB 总线支持热插拔和 USB 设备的普及，给计算机用户带来方便的同时，也会出现各类无法识别 USB 设备的故障，引起该故障的原因可分为两大类。

1. 计算机引起

（1）BIOS 设置。

（2）系统损坏。

（3）驱动程序。

（4）USB 口物理损坏。

（5）USB 口供电电压不足。

2. USB 设备引起

（1）USB 设备物理损坏。

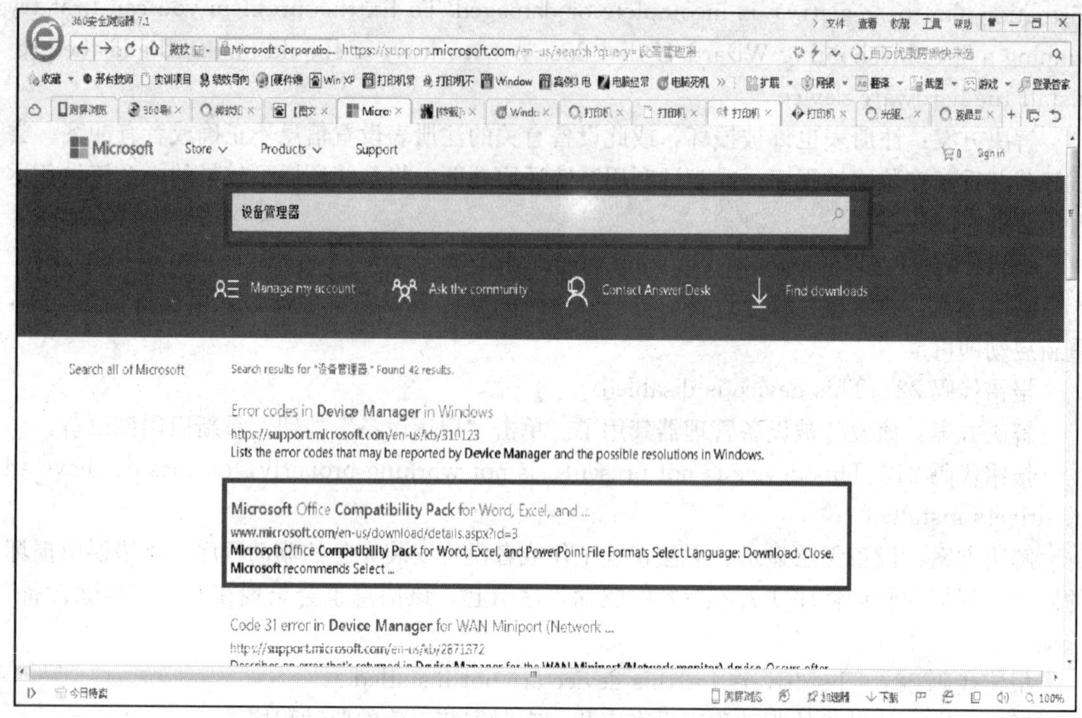

图 4—1—2 微软知识库搜索设备管理器

（2）新安装 USB 设备的制造商使用非正规的闪存芯片和技术。

检修方法

一、“无法识别的 USB 设备”故障的一般维修方法

第一，检查是否是 USB 设备的问题。可使用新的 USB 设备进行检测，如果新的 USB 设备能够正常使用，说明是原 USB 设备的问题。

第二，查看是否为计算机系统问题。例如，因计算机感染病毒，导致相关组件被删除等原因引起的无法识别设备。

第三，确认是否因为计算机 USB 接口供电不足而引起该故障。可尝试替换到其他 USB 接口，如果可用，则为原 USB 接口供电不足造成的。

第四，查看 USB 设备驱动程序的安装是否正确。如果查看到驱动程序位置显示黄色的感叹号“!”，则驱动程序安装错误。卸载设备驱动程序，重新进行安装。

二、典型的“无法识别的 USB 设备”故障排除

1. USB 设备驱动程序没有正常安装

故障分析：插入 USB 设备后，系统通常会提示“发现新硬件”，并安装驱动程序，如果用户单击了“取消”选项，就会造成 USB 驱动无法正常加载，从而使 USB 设备无法识别，如图 4—1—3 所示。

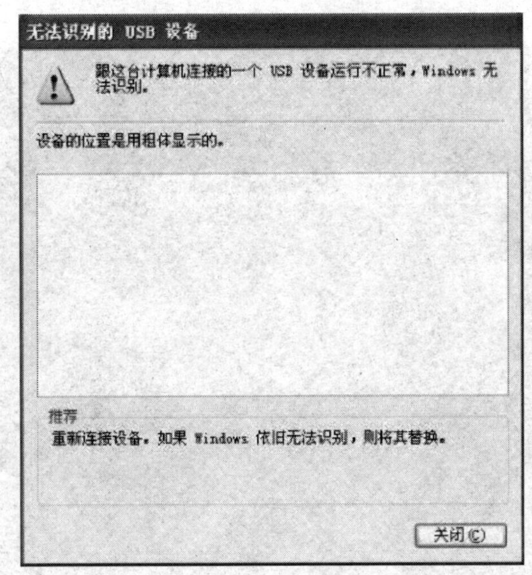

图 4—1—3　无法识别的 USB 设备

故障排除：在“我的电脑”图标上单击鼠标右键，选择快捷菜单中的“属性”命令，在“系统属性”对话框中选择“硬件”选项卡，单击“设备管理器”按钮，在“设备管理器”窗口中选择有问号的 USB 设备，单击鼠标右键，卸载有问号的 USB 设备。重新插入该 USB 设备，或者在“设备管理器”窗口单击“刷新”按钮进行刷新，此时，计算机系统会重新加载 USB 驱动程序，按照提示步骤系统自动安装驱动。

2. USB 驱动程序被损坏

故障分析：USB 驱动程序可能被用户错误删除，或者被计算机病毒破坏。

故障排除：使用官方的驱动程序（如附带的光盘），或者使用驱动精灵升级驱动程序（如果是 Windows 2000 及早期的 Windows XP 版本，也可以使用 USB 万能驱动进行修复）。

3. 新安装 USB 设备的制造商使用非正规的闪存芯片和技术

故障分析：一种情况是正规生产厂商为了保护自己的芯片技术，没有使用标准的芯片，或者对数据的读写机制进行了加密处理，或没有公开芯片参数，使通用 USB 驱动程序书写者无法为其书写对应的 USB 驱动程序。另一种情况是 USB 设备厂商使用了不符合行业规范的次品，同样不能从常规的 USB 驱动程序包中找到对应的驱动程序。

故障排除：到该 USB 设备制造商的官方网站下载最新的驱动程序，或者安装原配光盘的驱动程序。

4. BIOS 禁用了 USB 设备

故障分析：为了计算机的安全，通常网吧、学校的公用机房和公司的计算机会禁用 USB 接口，可通过重新设置 BIOS 的相关项目进行解决。

故障排除：启动计算机，出现如图 4—1—4 所示的自检画面，按照屏幕提示，按【Delete】键进入 BIOS 主菜单，如图 4—1—5 所示。

在 BIOS 设置主菜单上用方向键选择“Integrated Peripherals”项，按回车键进入该项子菜单，如图 4—1—6 所示。

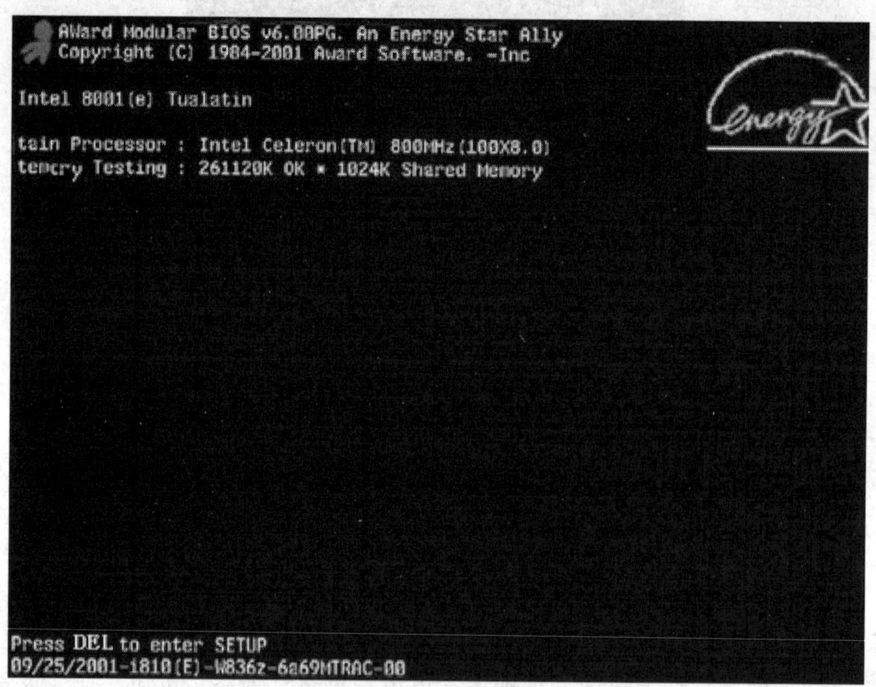

图 4—1—4　开机自检

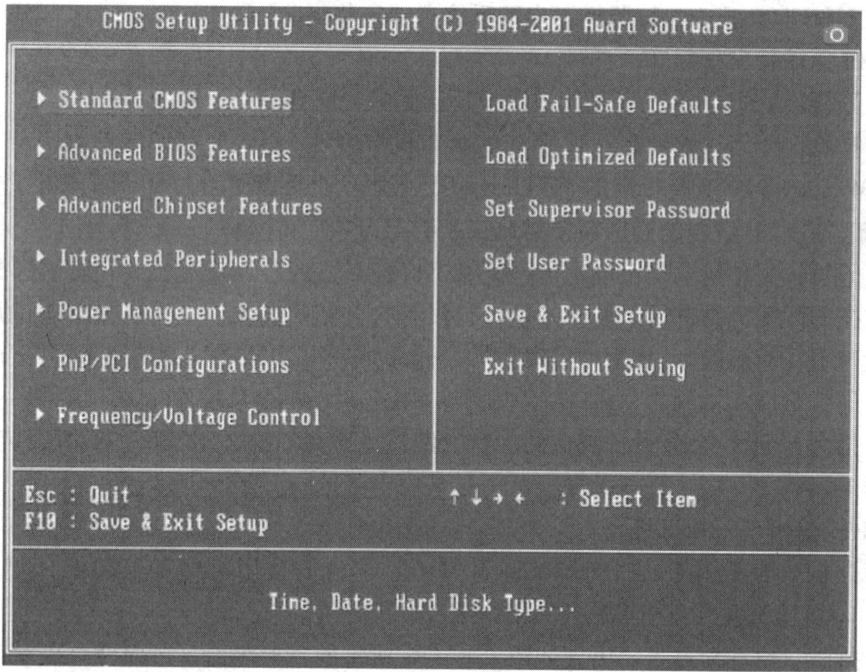

图 4—1—5　BIOS 设置主菜单

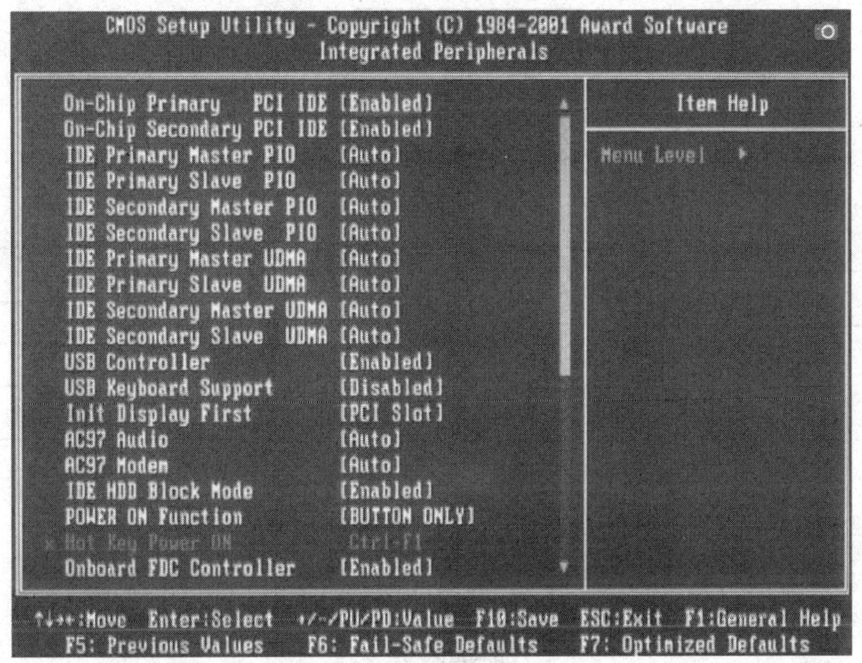

图 4—1—6 BIOS 设置中的“Integrated Peripherals”项

按向下方向键选择“USB Controller”子菜单项，将其设置为“Enabled”，按回车键确认，最后按【F10】键保存新设定的 BIOS 并退出（或按【Esc】键返回上一级菜单，退回主菜单后选“Save & Exit Setup”项并按回车键，在弹出的确认窗口中输入“Y”后按回车键，即可保存 BIOS 并退出）。

三、“无法识别的 USB 设备”故障排除流程

“无法识别的 USB 设备”故障的排除流程如图 4—1—7 所示。

【案例 1】

故障现象：要将 U 盘中的数据在计算机硬盘上做备份，插入正常使用的计算机前置 USB 接口，状态栏没有任何反应。

故障分析：在其他计算机上测试该 U 盘正常。可能是该计算机的 USB 接口被禁用或损坏。

故障排除：进入 BIOS 设置程序，查看“Enable USB Device”的值为 Disable，修改为“Enable”，故障排除。

【案例 2】

故障现象：将 USB 接口扫描仪插在计算机上后，系统无法识别。

故障分析：初步考虑是缺少驱动程序，下载驱动程序安装后，故障依然存在。用 U 盘替换扫描仪，U 盘能使用，说明该 USB 接口没问题。把扫描仪插到其他计算机上可以识别，

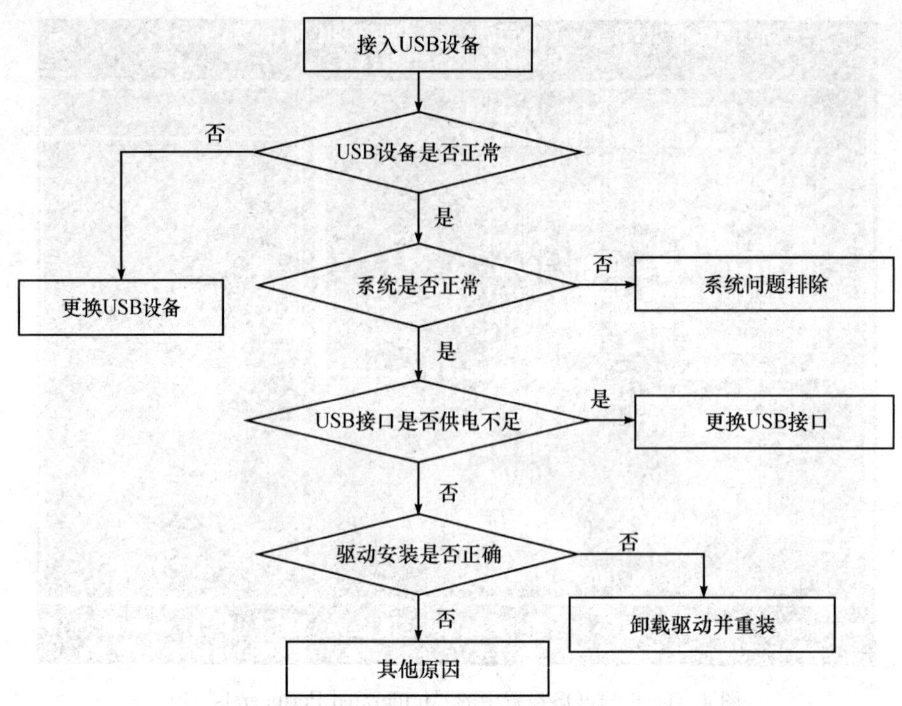

图 4—1—7 “无法识别的 USB 设备”故障排除流程

考虑是 USB 接口供电不足导致。

故障排除：将该计算机上其他 USB 设备全部拆除，故障排除。

小提示

注意：主板无法向 USB 设备提供足够的电流时，USB 设备便不能被计算机正确识别，尤其是前置的 USB 接口。

【案例 3】

故障现象：使用 U 盘时计算机意外断电，重新开机后系统报错“无法识别的 USB 设备”，使用其他 USB 接口设备，会出现同样的错误提示信息。将 USB 设备插到本机的其他 USB 接口上，可以正常工作。

故障分析：从现象上看，USB 设备和主板的接口都没有损坏，怀疑是意外断电导致系统设置错误。

故障排除：在“我的电脑”图标上单击鼠标右键，在快捷菜单中选择“管理”命令，打开“计算机管理”窗口，选择“设备管理器”选项，在右侧的“通用串行总线控制器”项中发现在不插 U 盘情况下，“USB Mass Storage Device”项依然存在，如图 4—1—8 所示。

在“USB Mass Storage Device”项上单击鼠标右键，在快捷菜单中选择“卸载”命令，将该项卸载，如图 4—1—9 所示。重新启动计算机后，故障排除。

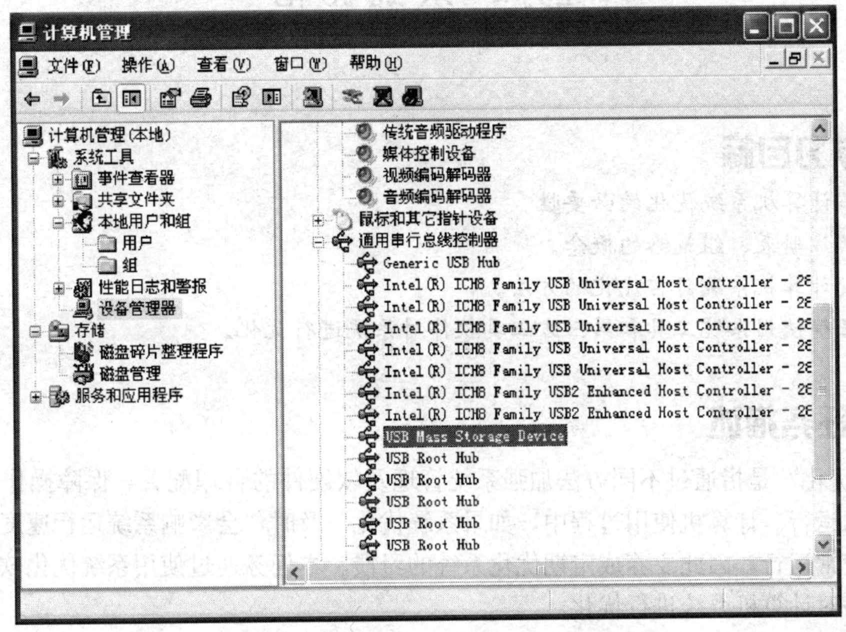

图 4—1—8　通用串行总线控制器

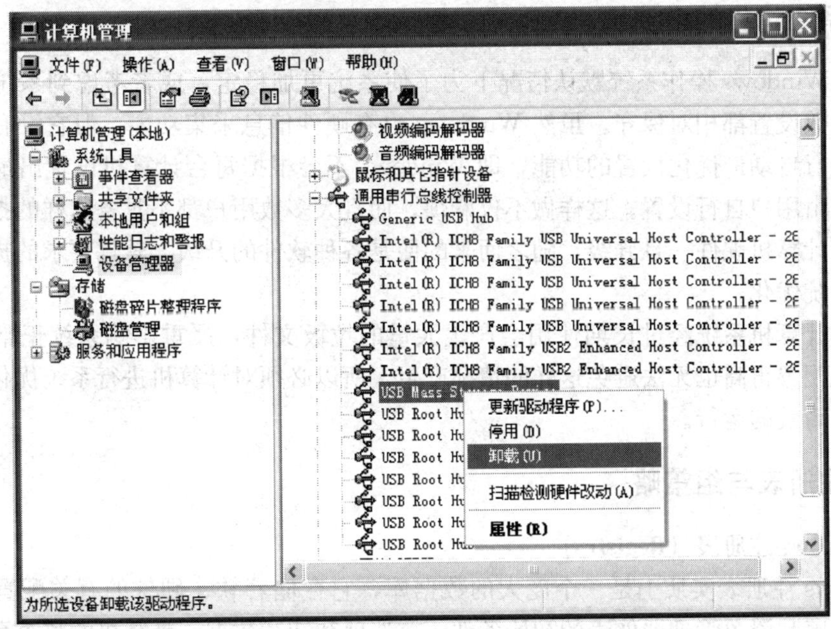

图 4—1—9　卸载 USB Mass Storage Device

任务2　系统优化

学习目标

1. 了解计算机系统优化的必要性。
2. 了解注册表、组策略的概念。
3. 掌握计算机系统日常优化的方法。
4. 能正确使用系统工具和第三方工具软件对系统进行优化。

任务描述

“系统优化”是指通过不同方法加强系统管理及软硬件的合理配置，保障操作系统能够正常高效的运行。计算机使用过程中，如果系统优化不及时，会影响系统运行速度，甚至影响系统的正常运行，因此要养成定期优化系统的习惯。本任务通过使用系统优化软件、注册表、组策略对计算机系统进行优化。

相关知识

一、系统优化的必要性

首先，Windows 操作系统默认情况下为了使系统更加稳定，或者考虑到系统安全等方面因素，参数设置都相对保守。虽然 Windows 也有硬件信息采集功能，但它没有针对用户硬件配置进行自动最优化设置的功能，即 Windows 不会根据每台计算机设置出最优的系统参数，只能由用户自行设置。这样做不仅麻烦，而且大多数用户都不具备这样的技术能力。

其次，计算机硬件一旦升级，随之而来的便是各种软件的升级。软件要求的提高之后必须要进行系统优化。

最后，计算机系统经过长期使用会产生大量的垃圾文件，严重影响系统正常的运行速度。计算机配置再高也无法避免这样的情况产生，所以必须对计算机进行系统优化，以保证系统正常、高效的运行。

二、注册表与组策略

1. Windows 注册表（Registry）

Windows 注册表实质上是一个庞大的数据库，它存储着软、硬件的有关配置和状态信息，应用程序和资源管理器外壳的初始条件、首选项和卸载数据；计算机的整个系统的设置和各种许可，文件扩展名与应用程序的关联，硬件的描述、状态和属性；计算机性能记录和底层的系统状态信息，以及各类其他数据。

随着 Windows 功能越来越丰富，注册表里的配置项目也越来越多，很多配置都可以自定义设置，但这些配置分布在注册表的各个角落，如果用手工配置将会非常困难和繁杂，而组策略则将系统重要的配置功能汇集成各种配置模块，供用户直接使用，从而达到方便管理计算机的目的。简单地说，组策略设置就是在修改注册表中的配置。当然，组策略使用了更完善的管理组织方法，可以对各种对象中的设置进行管理和配置，远比手工修改注册表方便、灵活，功能也更加强大。组策略对本地计算机可以进行两个方面的设置：本地计算机配置和本地用户配置。所有策略的设置都将保存到注册表的相关项目中。对计算机策略的设置保存到注册表的 HKEY_LOCAL_MACHINE 的相关项中，对用户的策略设置将保存到 HKEY_CURRENT_USER 相关项中。

2. 注册表编辑器的打开

方法一：执行“开始”→“运行”命令，在“运行”对话框中输入“regedit”命令，按回车键或单击“确定”按钮，即可进入注册表编辑器。

方法二：在系统 C 盘里的 Windows 目录下，找到文件名为 regedit. exe 的程序并双击，即可打开注册表编辑器，如图 4—2—1 所示。

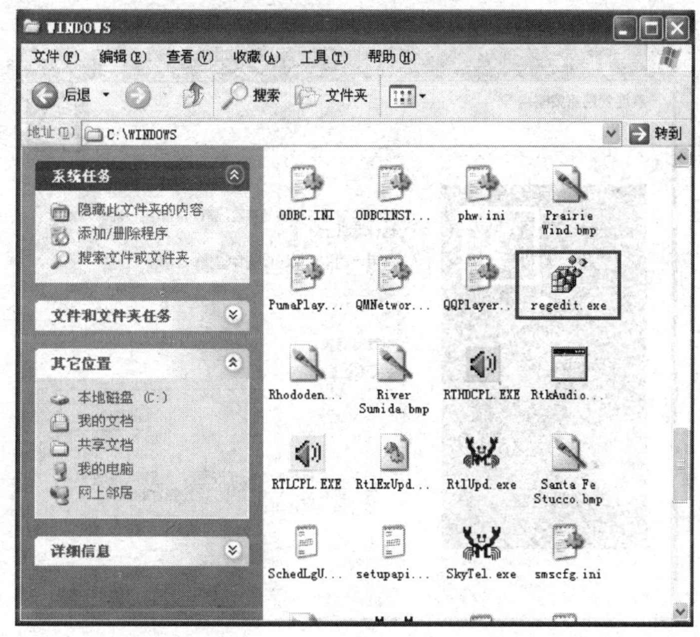

图 4—2—1 regedit. exe 程序

3. 组策略编辑器的打开

方法一：执行“开始”→“运行”命令，在“运行”对话框中输入“gpedit. msc”命令，按回车键或单击“确定”按钮，可以进入组策略编辑器。

方法二：执行“开始”→“运行”命令，在“运行”对话框中输入“mmc”命令，按回车键或单击“确定”按钮，进入控制台界面。单击“文件”菜单下的“添加/删除管理单元”命令，打开“添加/删除管理单元”对话框，单击“添加”按钮，打开“添加独立管理单元”对话框，如图 4—2—2 所示。

选择“组策略对象编辑器”选项，单击“添加”按钮，打开“选择组策略对象”对话框，如图 4—2—3 所示。

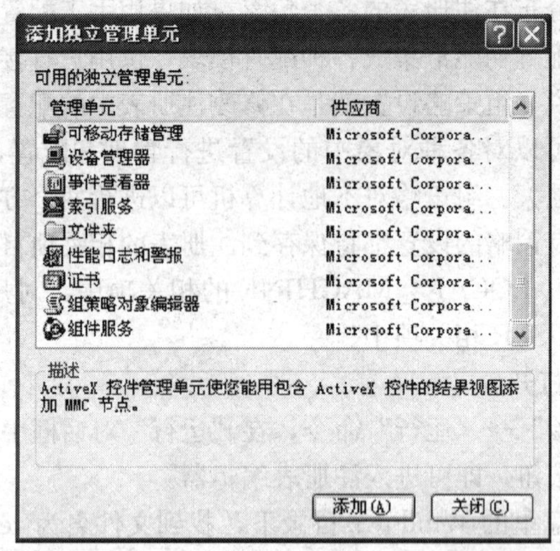

图 4—2—2 “添加独立管理单元”对话框

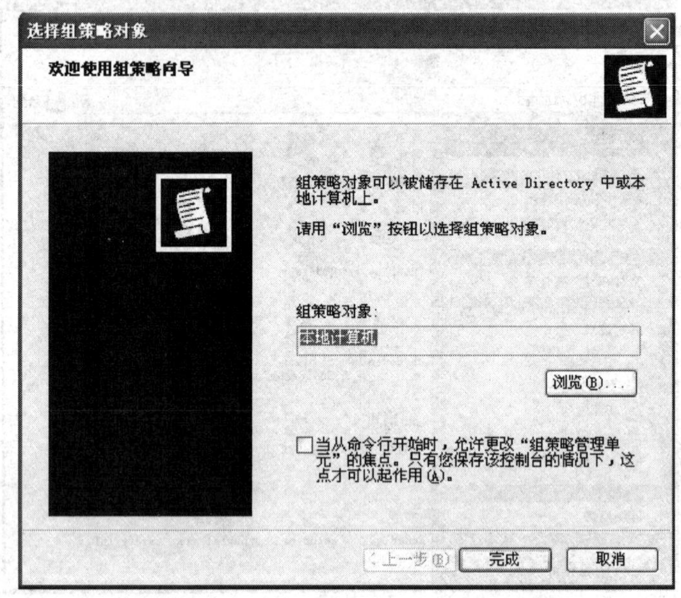

图 4—2—3 “选择组策略对象”对话框

单击“完成”按钮，在控制台中添加“本地计算机策略”，如图 4—2—4 所示。

单击“确定”按钮，即可打开“组策略”编辑器，如图 4—2—5 所示。

二、系统日常优化方法

1. 清理磁盘

执行“开始”→“程序”→“附件”→“系统工具”→“清理磁盘”命令，选择要清理的驱动器后，打开“磁盘清理”对话框，如图 4—2—6 所示。

从中勾选要删除的文件，单击“确定”按钮进行磁盘清理，如图 4—2—7 所示。

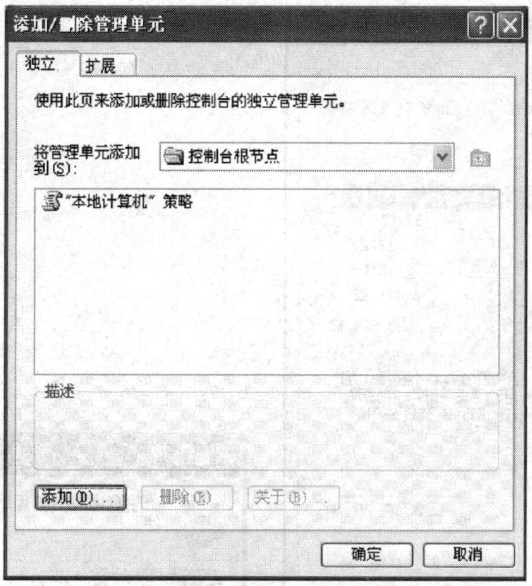

图 4—2—4　控制台添加“本地计算机策略”

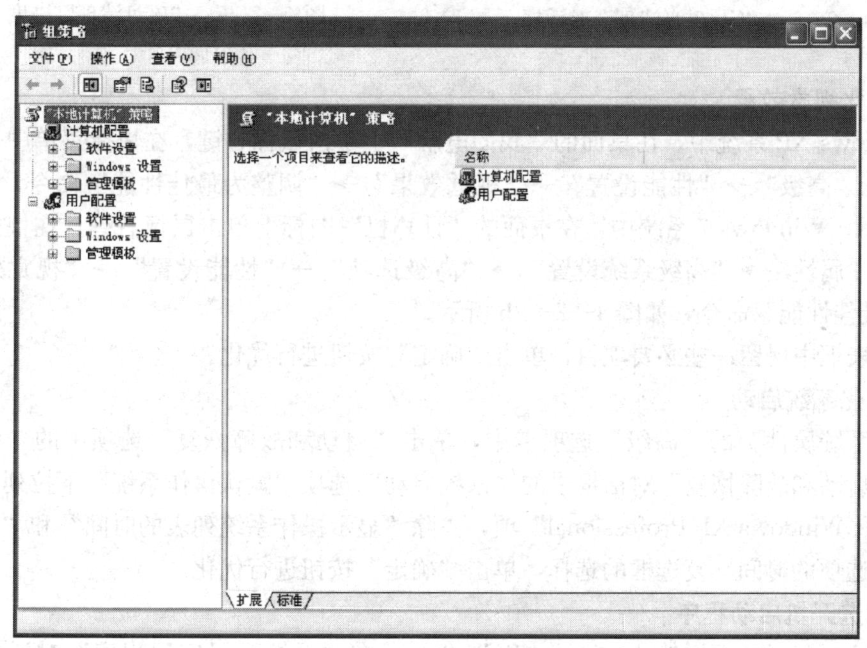

图 4—2—5　组策略编辑器

2. 磁盘碎片整理

执行“开始”→“程序”→“附件”→“系统工具”→“磁盘碎片整理程序”命令，在“磁盘碎片整理程序”对话框中选择要整理的驱动器，单击“碎片整理”按钮，进行磁盘碎片整理。

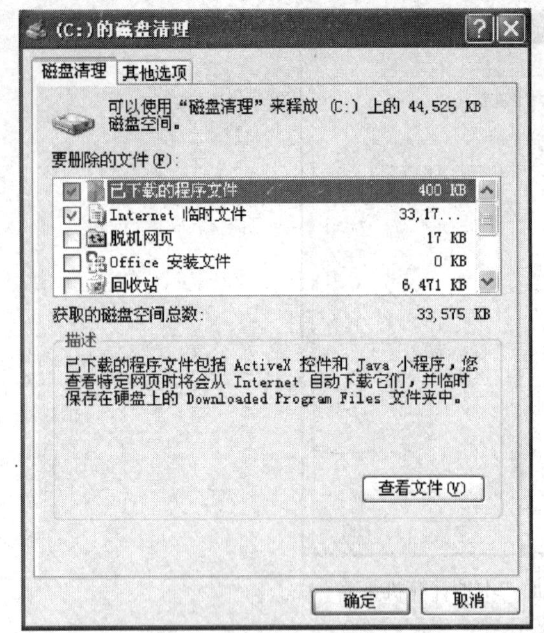

图 4—2—6 “C：磁盘清理”对话框

图 4—2—7 “磁盘清理”进度

3. 优化视觉效果

Windows XP 系统中，在桌面的“我的电脑”上单击鼠标右键，在快捷菜单中依次选择“属性”→“高级”→“性能设置”→“视觉效果”→“调整为最佳性能”命令，如图 4—2—8a 所示。Windows 7 系统中，在桌面的“计算机”图标上单击鼠标右键，在快捷菜单中依次选择“属性”→“高级系统设置”→“高级选项”→“性能设置”→“视觉效果”→“调整为最佳性能”命令，如图 4—2—8b 所示。

在列表框中保留一些必要项目，单击“确定”按钮进行优化。

4. 优化系统启动

在“系统属性”的“高级”选项卡中，单击“启动和故障恢复”选项中的“设置”按钮，在“启动和故障恢复”对话框中的“系统启动”选项“默认操作系统”下拉列表中选择“Microsoft Windows XP Professional”项，去除“显示操作系统列表的时间”和“在需要时显示恢复选项的时间”复选框的选择，单击“确定”按钮进行优化。

5. 优选开机启动程序

在“运行”对话框中输入“msconfig”命令，在“系统配置实用程序”对话框中选择“启动”选项卡，在启动项目中去除不开机运行的软件项（除时实防御、杀毒软件外，一般程序都可以禁用），重新启动计算机即可。

6. 禁用多余的服务组件

打开“计算机管理”窗口，在左侧的任务窗格中选择“服务和应用程序”中的“服务”项，在右边的列表项中将不需要的服务设置为“停止”。

7. 将系统 C 盘的临时文件夹转移到 D 盘

C 盘临时文件夹内的文件大多是系统在运行过程中产生的临时文件，是系统文件碎片产

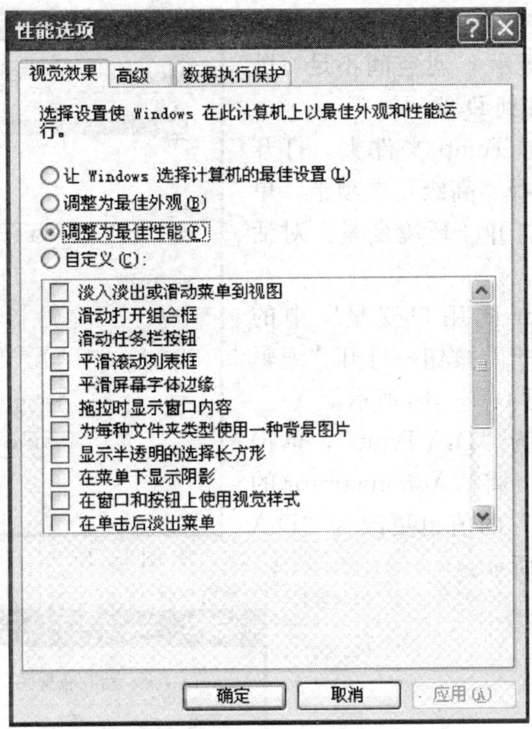

a)

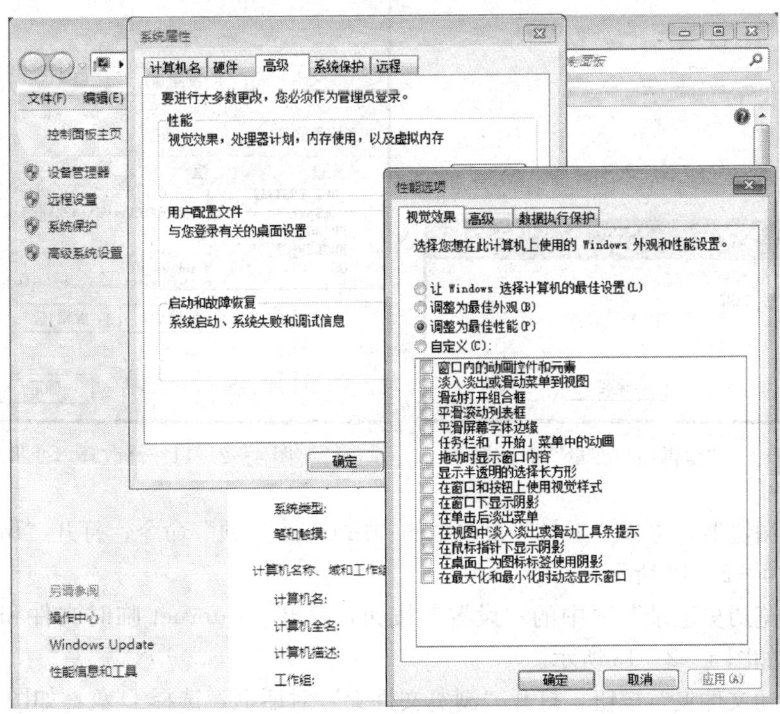

b)

图 4—2—8 “视觉效果”选项卡

a）Windows XP 系统中 b）Windows 7 系统中

生的主要原因之一，这些临时文件也占很大磁盘空间。如果计算机经常提示C盘空间不足，可把C盘的临时文件夹转移到D盘。

（1）在D盘上建立Temp文件夹。打开“系统属性”对话框，选择“高级”选项卡，单击“环境变量”按钮，打开“环境变量”对话框，图4—2—9所示。

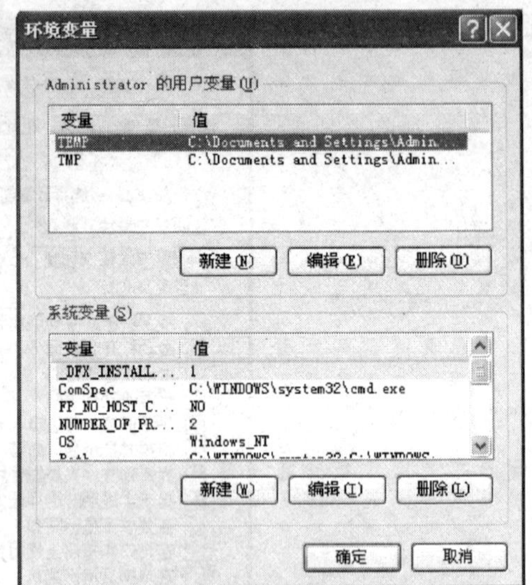

图4—2—9　“环境变量”对话框

选择“Administrator的用户变量”中的“TEMP”项，单击“编辑”按钮，打开“编辑用户变量”对话框，如图4—2—10所示。

将“变量”值更改为“D:\Temp”，单击“确定”按钮。同样方法，将“Administrator的用户变量”中的“TMP”的值也更改为“D:\Temp”，如图4—2—11所示。

编辑用户变量
变量名(N)：TEMP
变量值(V)：D:\Temp
确定　取消

图4—2—10　“编辑用户变量”对话框

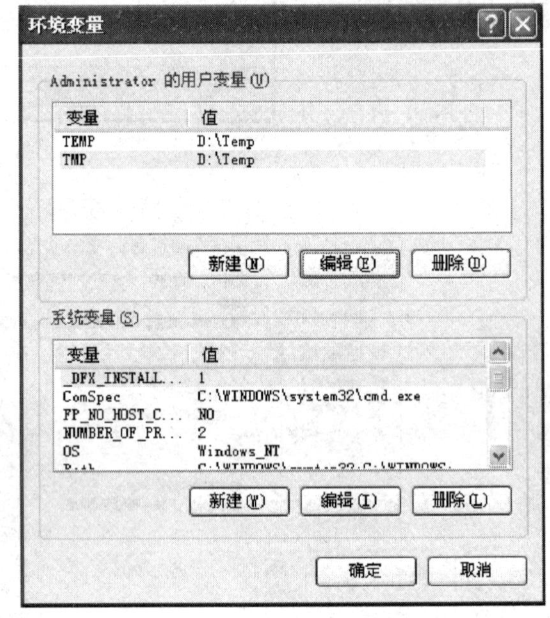

图4—2—11　修改环境变量的值

（2）打开浏览器，选择“工具”菜单中的“Internet选项”命令，打开“Internet选项”对话框，如图4—2—12所示。

单击“浏览历史记录”项中的“设置”按钮，打开“Internet临时文件和历史记录设置”对话框，如图4—2—13所示。

单击“移动文件夹”按钮，打开“浏览文件夹”对话框，选择D盘，如图4—2—14所示。

单击“确定”按钮，返回“Internet临时文件和历史记录设置”对话框，如图4—2—15所示。

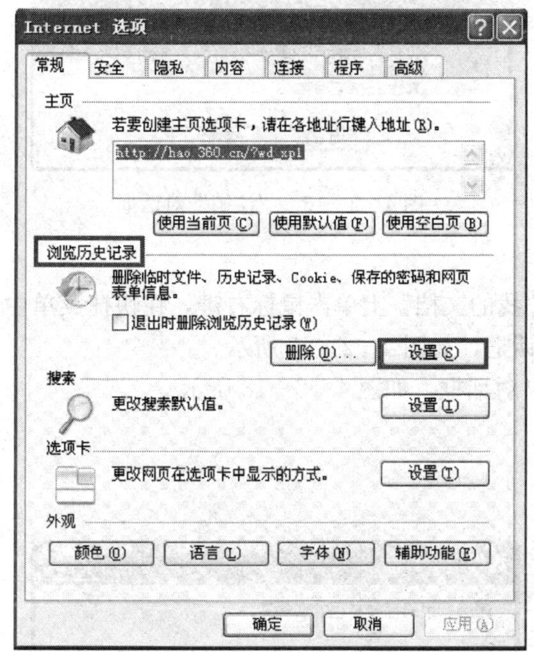

图 4—2—12　“Internet 选项”对话框

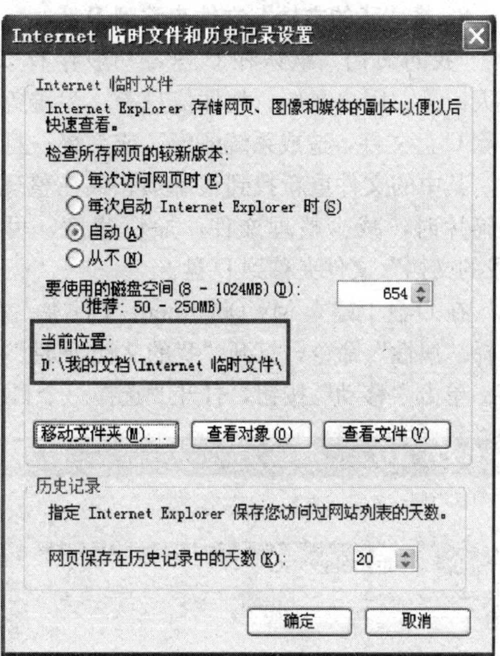

图 4—2—13　“Internet 临时文件和历史记录设置”对话框

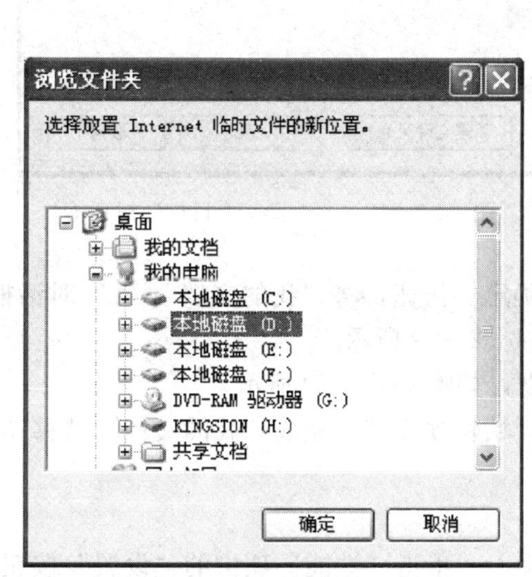

图 4—2—14　“浏览文件夹”对话框

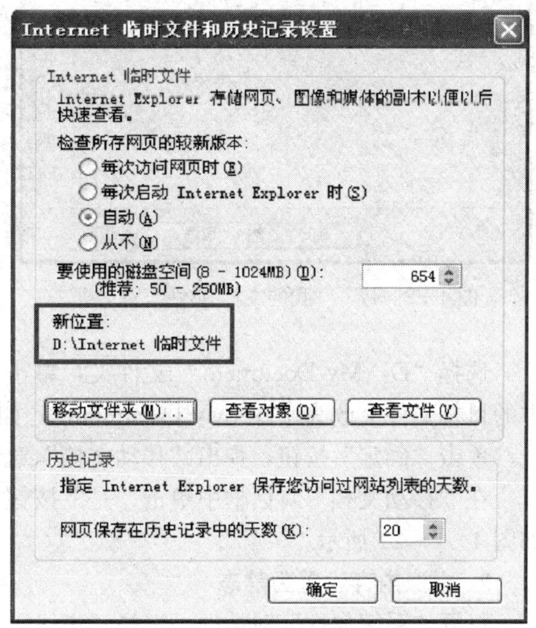

图 4—2—15　“Internet 临时文件和历史记录设置”对话框

单击“确定”按钮，弹出“注销”对话框，如图 4—2—16 所示。

在“注销”对话框中单击“是”按钮，Windows 将重新启动以完成对 Internet 临时文件的移动。此时 IE 临时文件将存放在“D:\Internet 临时文件\”文件夹下。

8. 将“我的文档”文件夹移到D盘

“我的文档”默认在C盘，一般存有QQ聊天记录、用户文档、软件信息等。为避免误删除C盘文件，造成系统瘫痪，或系统一旦崩溃，其中的文件重新找到很麻烦，或在整理C盘碎片时，减少整理文件，加快速度，可把“我的文档”文件夹移到D盘。

图4—2—16　“注销”对话框

在D盘上建立My Document文件夹。在“我的文档”上单击鼠标右键，在快捷菜单中选择“属性”命令，打开“我的文档 属性”对话框，如图4—2—17所示。

单击“移动”按钮，打开“选择一个目标”对话框，如图4—2—18所示。

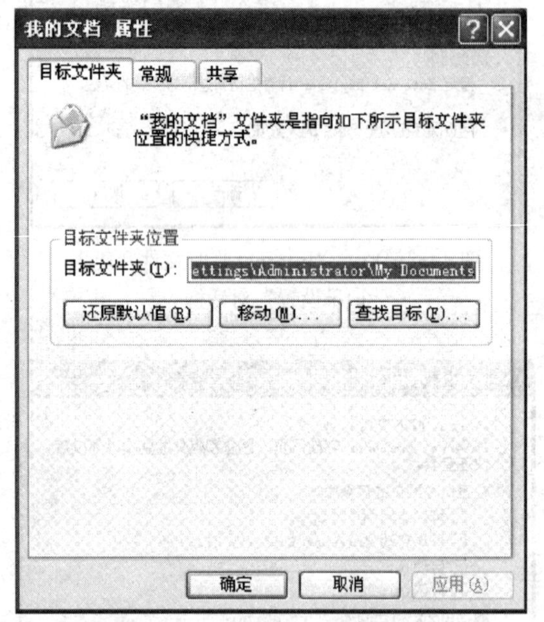

图4—2—17　“我的文档 属性”对话框

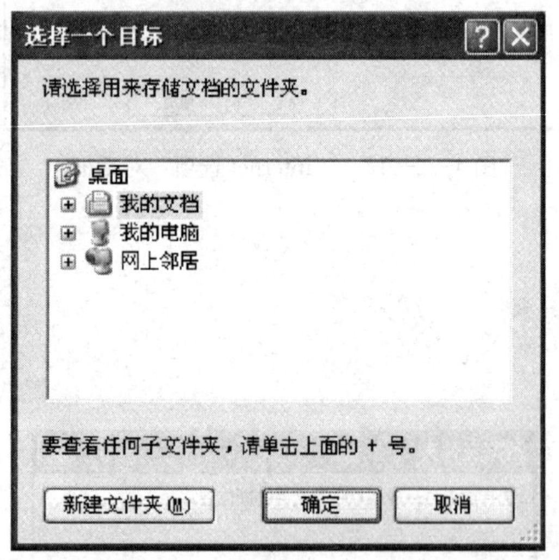

图4—2—18　“选择一个目标”对话框

选择“D:\My Document”文件夹，单击“确定”按钮，将“我的文档 属性”对话框中的目标文件夹改为“D:\My Document”，如图4—2—19所示。

单击“确定”按钮，弹出“移动文档”对话框，如图4—2—20所示。

在“移动文档”对话框中单击“是”按钮，开始移动文档，完成“我的文档”的移动，如图4—2—21所示。

9. 虚拟内存设置为静态

打开“系统属性”对话框，选择“高级”选项卡。单击“性能”项中的“设置”按钮，打开“性能选项”对话框，选择“高级”选项卡，如图4—2—22所示。

在“虚拟内存”项中单击“更改”按钮，打开“虚拟内存”对话框，如图4—2—23所示。把最大值设置与初始大小一致，然后单击“确定”按钮。重新启动计算机，设置生效。

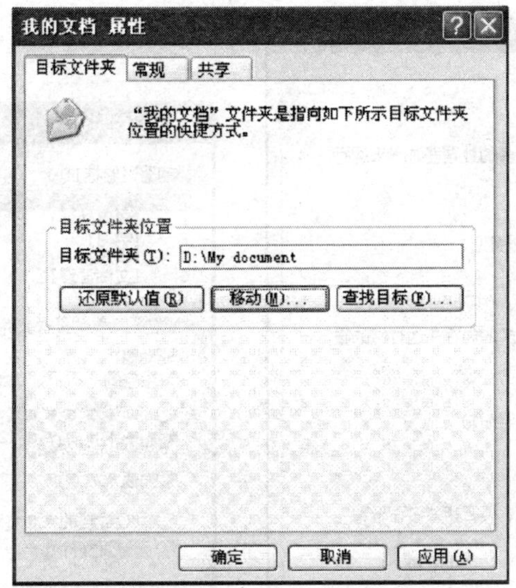

图 4—2—19 "我的文档 属性"对话框

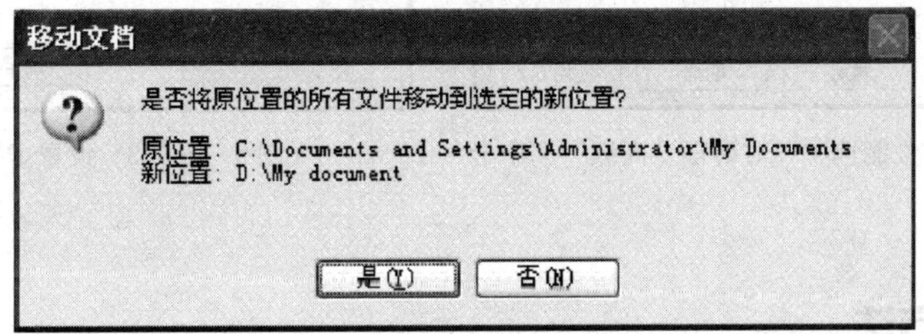

图 4—2—20 "移动文档"对话框

图 4—2—21 正在移动文档

小提示

虚拟内存就是物理内存不够用，在硬盘分区中划出一块地方，当作内存来使用，把暂不使用或先调入内存的数据暂时存放在这个"虚拟内存"里，以提高系统运行速度。系统默认虚拟内存是一个范围，有初始大小与最大值两个数值，当初始大小与最大值不一致时，会导致虚拟内存在硬盘位置上不连续，数据的存取会受到影响，从而影响系统运行速度，所以将虚拟内存的最大值与初始大小值调整为一样，即为静态虚拟内存。

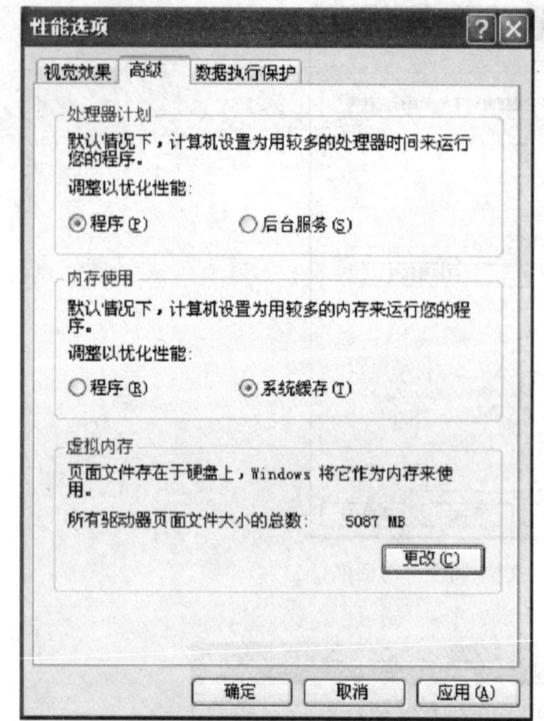

图 4—2—22 “性能选项”对话框“高级”选项卡

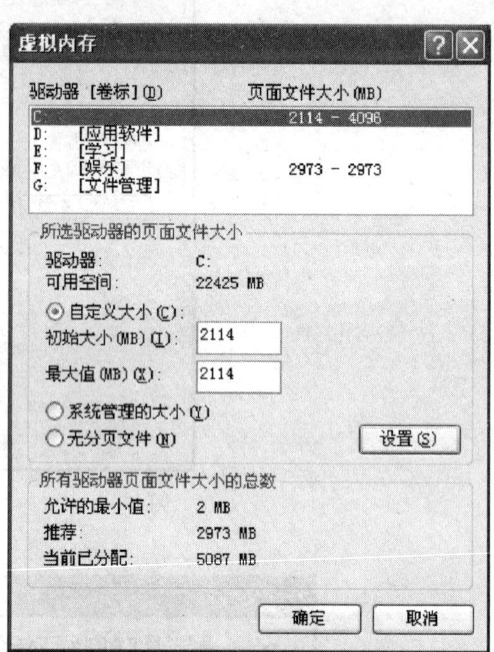

图 4—2—23 设置虚拟内存

检修方法

一、使用系统优化软件

系统优化软件能全方位、高效、安全地提高计算机的系统性能。使用和操作简单，能迅速达到系统优化目的，包括桌面优化、菜单优化、网络优化、软件优化、系统优化以及禁用设置、选择设置、更改设置等一系列个性化优化及设置选项，还可以进行注册表清理及硬盘垃圾文件清理。下面使用“软媒魔方”优化系统。

第一步：安装并简单优化。

下载软媒魔方程序并安装（官方网站：http：//mofang. ruanmei. com)，如图 4—2—24 所示。

第二步：进入“软媒魔方”软件界面，如图 4—2—25 所示。

单击“立即体检”按钮，对系统自动进行优化设置。

第三步：清理大师

清理大师具有一键清理、垃圾文件深度清理、注册表清理、用户隐私清理、系统瘦身、字体清理、磁盘空间分析、重复文件查找、卸载等功能。

1. 一键清理计算机垃圾文件，提升运行速度。

2. 定期垃圾清理，节省磁盘空间。

3. 彻底扫描并清理无用无效的注册表。

图 4—2—24　软媒魔方官网

图 4—2—25　软媒魔方界面

4. 一键清理系统盘、垃圾文件。

5. 批量清理字体功能。

6. 磁盘空间的分析和文件管理。

7. 重复文件的查找。

8. 一键快速卸载计算机软件。

依次单击“应用大全”→“清理大师”选项，“软媒清理大师”界面如图 4—2—26 所示。

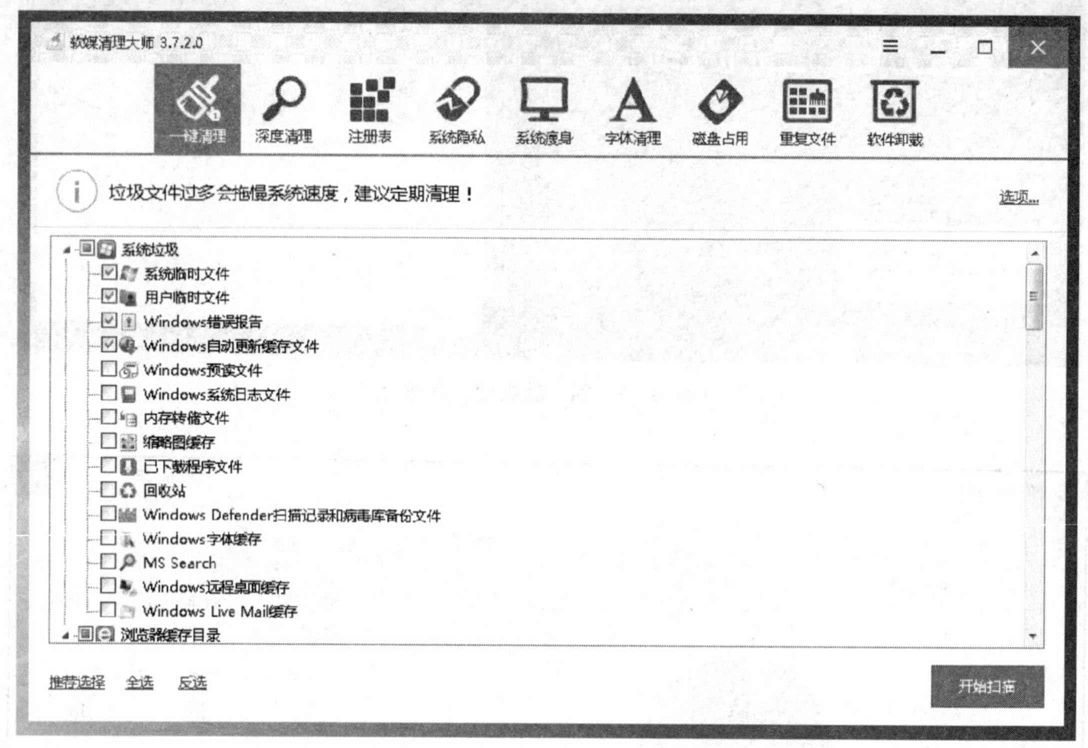

图 4—2—26　软媒清理大师

第四步：优化大师。

单击“优化大师”按钮，进行一键优化，让 Windows 运行得更快、更稳、更安全。“软媒优化大师”界面如图 4—2—27 所示。

第五步：系统安全设置。

1. 防止 U 盘病毒

在软媒魔方软件的“设置向导”对话框中设置禁止 U 盘里面的文件自启。这样禁止后 U 盘里的病毒就不会自动运行，如图 4—2—28 所示。

2. 加快上网速度

依次单击“DNS 助手”→“DNS 优选”选项进行测试，选择最好的 DNS 来优化 DNS 网络速率，使计算机发挥出最高带宽速率，如图 4—2—29 所示。

3. 安全守护

依次单击“应用大全”→“守护”选项，“魔方守护”界面如图 4—2—30 所示。

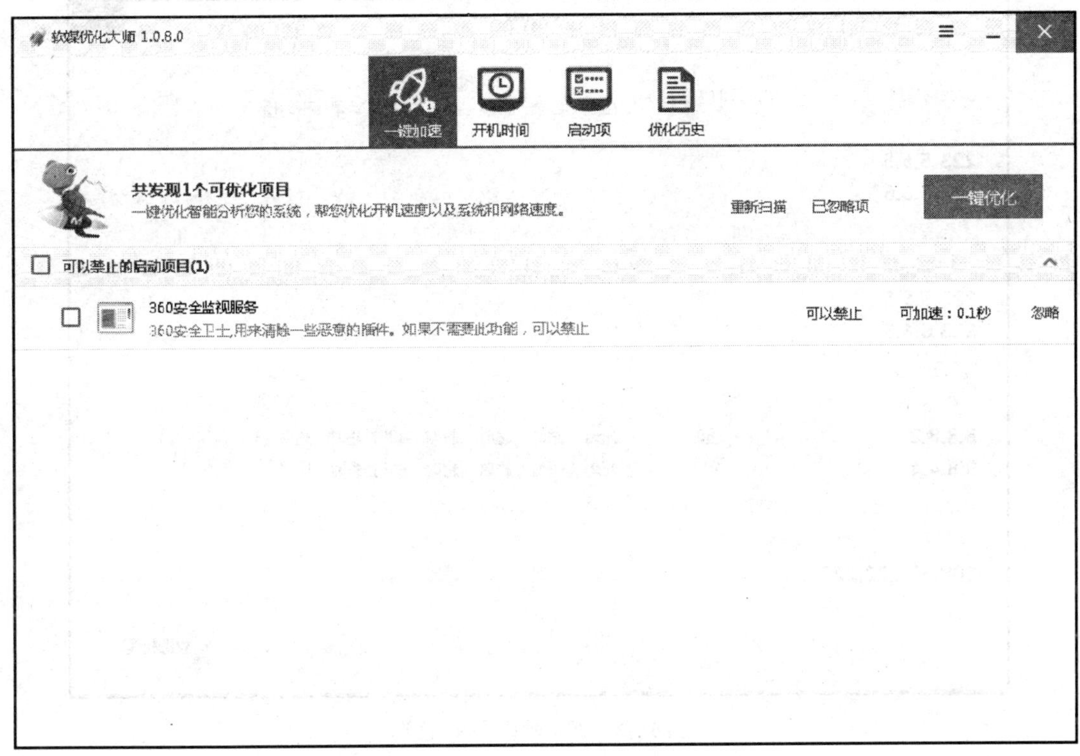

图 4—2—27　软媒优化大师

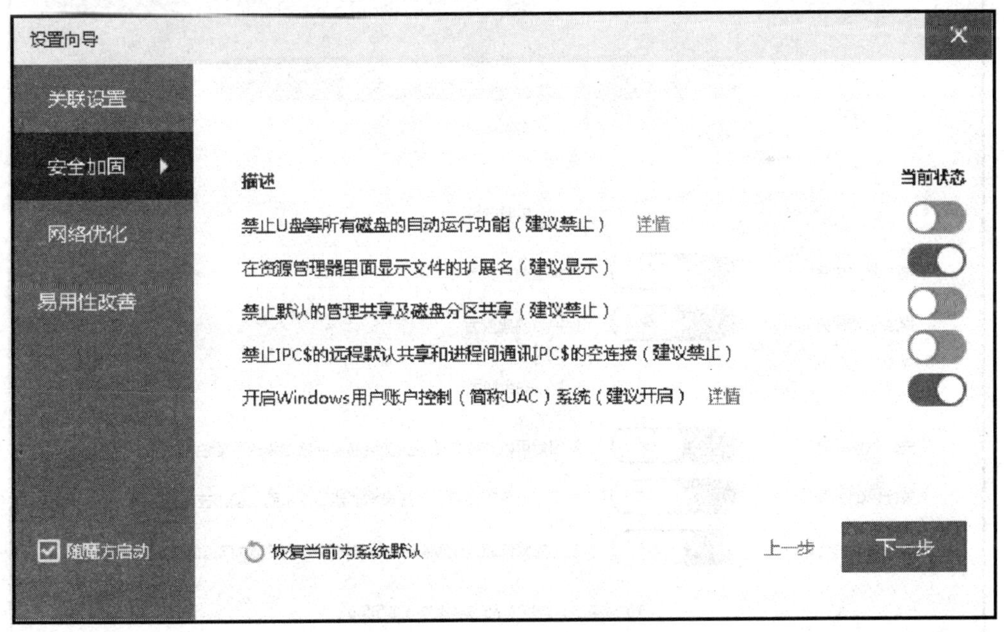

图 4—2—28　软媒安全设置

DNS优选

DNS服务器	访问延时（毫秒）	百度	谷歌	新浪	淘宝	腾讯	苹果	平均值	优选
223.5.5.5	超时	67	67	62	78	62	62	66	
223.6.6.6	62	62	62	56	62	70	62	62	
【无线网络连接】 - 当前启用的DNS服务器									
223.5.5.5	超时	67	67	67	78	78	62	69	启用
223.6.6.6	67	62	62	62	57	62	67	62	移除
【阿里公共DNS】									
8.8.8.8	超时	超时	超时	超时	超时	超时	超时	超时	
8.8.4.4	145	超时	超时	超时	超时	超时	超时	超时	
【GoogleDNS】 - Google面对大众推出的一个公共免费域名解析服务。									
208.67.222.222	239	超时	超时	超时	超时	超时	超时	超时	

（解析延时（毫秒）：百度、谷歌、新浪、淘宝、腾讯、苹果、平均值）

添加自定义DNS　立即检测

图 4—2—29　软媒 DNS 优选

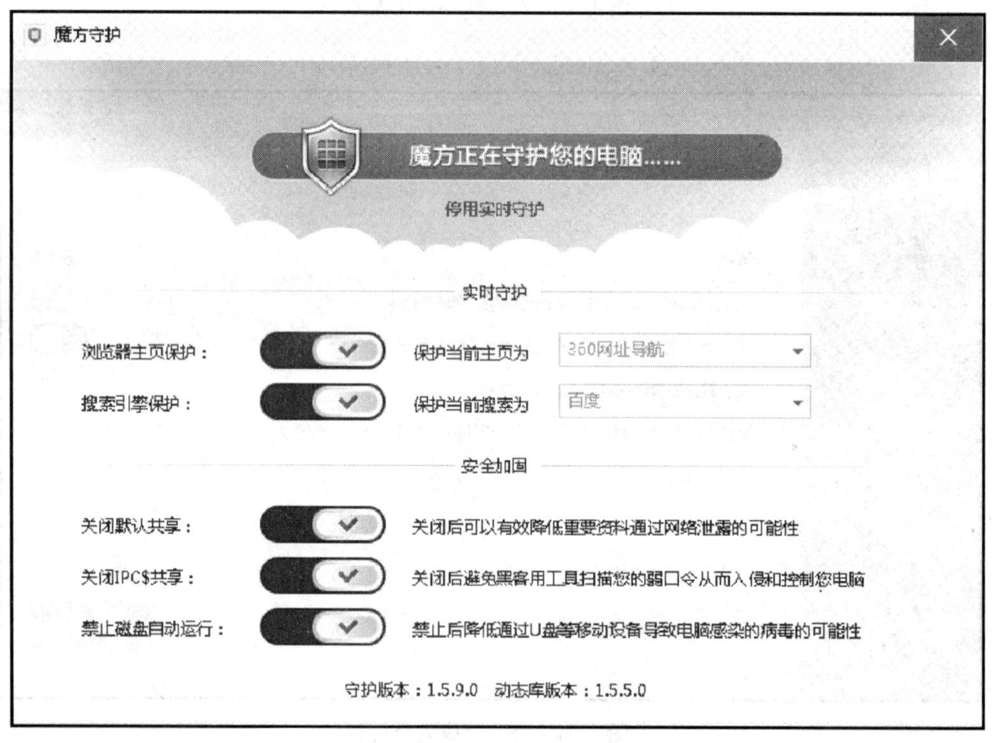

图 4—2—30　“魔方守护”界面

小提示

软媒魔方是优化大师系列软件的最新一代，软媒魔方能很好支持 64 位和 32 位的 Windows 7、Windows Vista、Windows XP、Windows 8 等主流 Windows 操作系统，具有一键清理、一键优化、一键加速、一键修复、一键杀流氓软件等功能。

二、使用注册表优化系统

1. 清除内存不使用的 DLL 文件

Windows 中每运行一个程序，系统资源都会减少。有些程序会消耗大量的系统资源，即使关闭程序，内存中仍有一些没用的 DLL 文件在运行，这样使得系统运行速度下降。通过修改注册表键值，使关闭软件后能够自动清除内存中没用的 DLL 文件，及时收回消耗的系统资源。

打开注册表编辑器，找到“HKEY _ LOCAL _ MACHINE \ SOFTWARE \ Microsoft \ Windows \ CurrentVersion \ explorer”子键，在右侧选择“AlwaysUnloadDll”并双击，将“AlwaysUnloadDll”的键值修改为“1”，退出注册表，重新启动计算机即可。

2. 修改隐藏的计算机病毒文件

当前网络上有很多计算机病毒，发作时能将其自身的源文件隐藏起来，而在“工具”→“文件夹选项”中修改无效。

打开注册表编辑器，找到“HKEY _ LOCAL _ MACHINE \ SOFTWARE \ Windows \ CurrentVersion \ Explorer \ Advanced \ Folder \ Hidden \ SHOWALL”子键，在右侧选择“CheckedValue”并双击，将“CheckedValue”的键值修改为“1”，退出注册表，重新启动计算机即可。

3. 开机自动进入屏幕保护

有时用户希望 Windows 系统启动成功就能进入屏幕保护状态，以便对计算机进行安全保护。

打开注册表编辑器，找到“HKEY _ LOCAL _ MACHINE \ SOFTWARE \ Microsoft \ Windows \ CurrentVersion \ Run”子键，在右侧键值项窗口中新建“字符串值”，并命名为“pingbao”，将其数据数值指定为要使用的屏幕保护程序名（如“C:\Windows\System32\logon. scr”），如图 4—2—31 所示。退出注册表，重新启动计算机即可。

4. 改变菜单的弹出延迟时间

Windows 中单击“开始”菜单，各项子菜单自动弹出的速度过快会影响其他功能的使用，可以通过修改注册表来改变“开始”菜单的弹出延迟。

打开注册表编辑器，找到“HKEY _ CURRENT _ USER \ Control Panel \ Desktop”子键，在右侧选择“MenuShowDelay”并双击，将“MenuShowDelay”的键值修改为 100，如图 4—2—32 所示。如果没有 MenuShowDelay 键值，可新建一个字符串值，命名为“MenuShowDelay”。退出注册表，重新启动计算机即可。

小提示

MenuShowDelay 键值的单位是毫秒，即 1000 表示 1 秒。其值越大表示延迟时间越长，

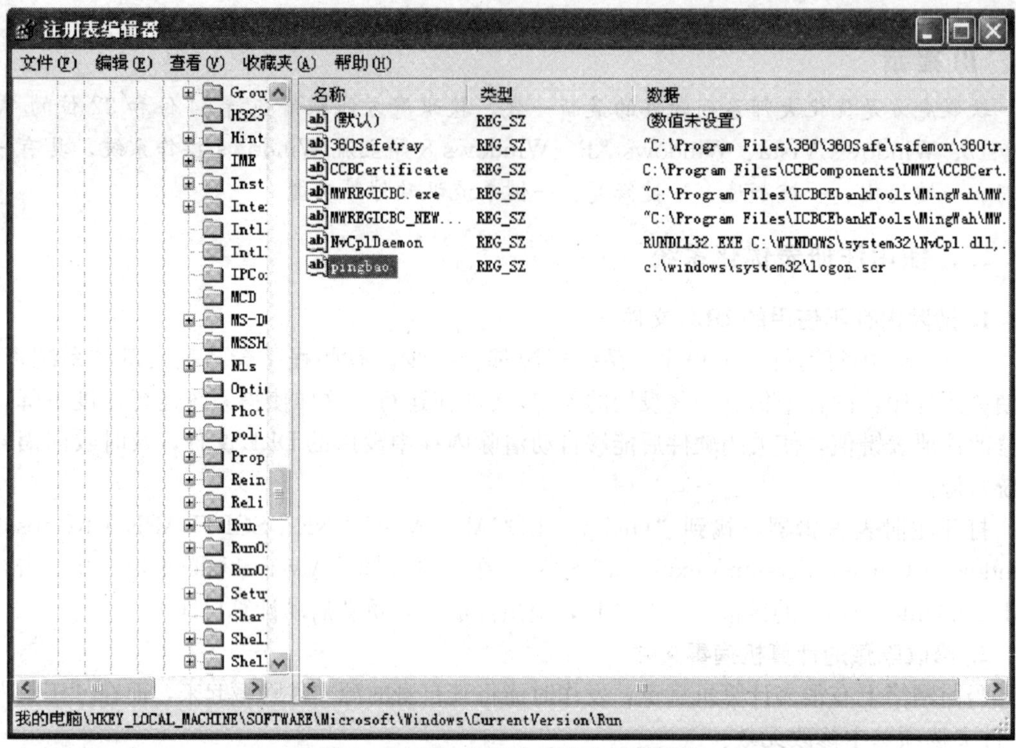

图 4—2—31　开机自动进入屏幕保护

图 4—2—32　改变菜单的弹出延迟时间

0 表示没有延迟。

三、使用组策略优化系统

1. 登录时不显示欢迎界面

为了加快启动的速度，可以通过组策略设置在每次用户登录时将 Windows 欢迎屏幕隐藏。打开“组策略”窗口，在组策略列表窗格中依次展开“用户配置”→“管理模板”，选择“系统”选项，如图 4—2—33 所示。

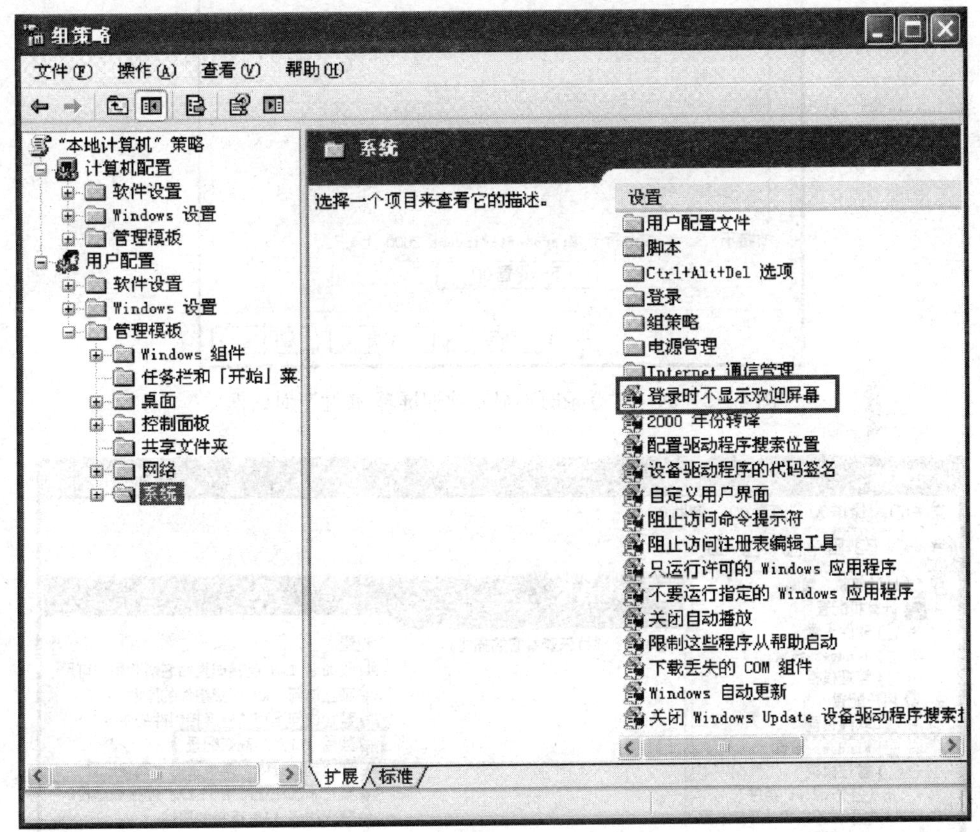

图 4—2—33 组策略→登录时不显示欢迎屏幕

选择右侧列表中的“登录时不显示欢迎屏幕”选项并双击，打开“登录时不显示欢迎屏幕 属性”对话框，在对话框中选择“已启用”单选按钮，单击“确定”按钮完成设置，如图 4—2—34 所示。

2. 禁用 TCP/IP 高级配置

为了防止一般计算机用户打开“高级 TCP/IP 设置属性”页并修改 IP 设置（例如 DNS 和 WINS 服务器信息），在组策略列表窗格中依次展开“用户配置”→“管理模板”→“网络”，选择“网络连接”选项，如图 4—2—35 所示。

选择右侧的“禁用 TCP/IP 高级配置”选项并双击，在“禁用 TCP/IP 高级配置 属性”对话框中，选择“已启用”单选按钮，单击“确定”按钮完成设置，如图 4—2—36 所示。

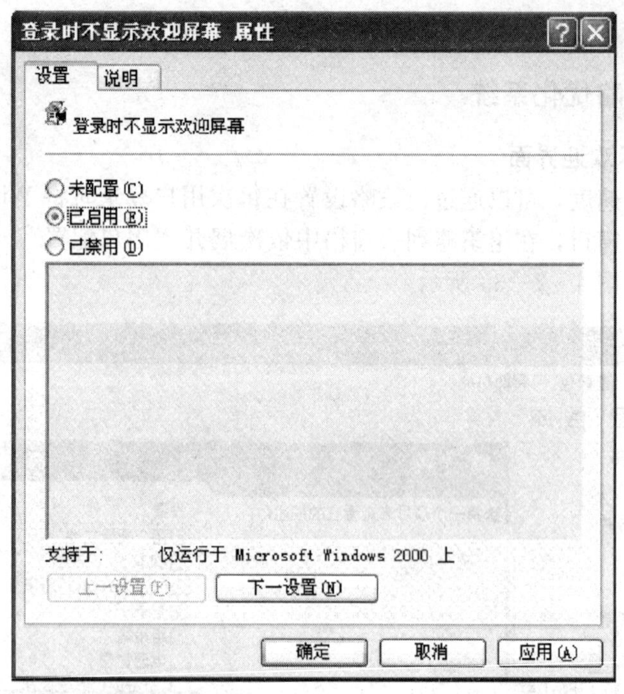

图 4—2—34 “登录时不显示欢迎屏幕 属性”对话框

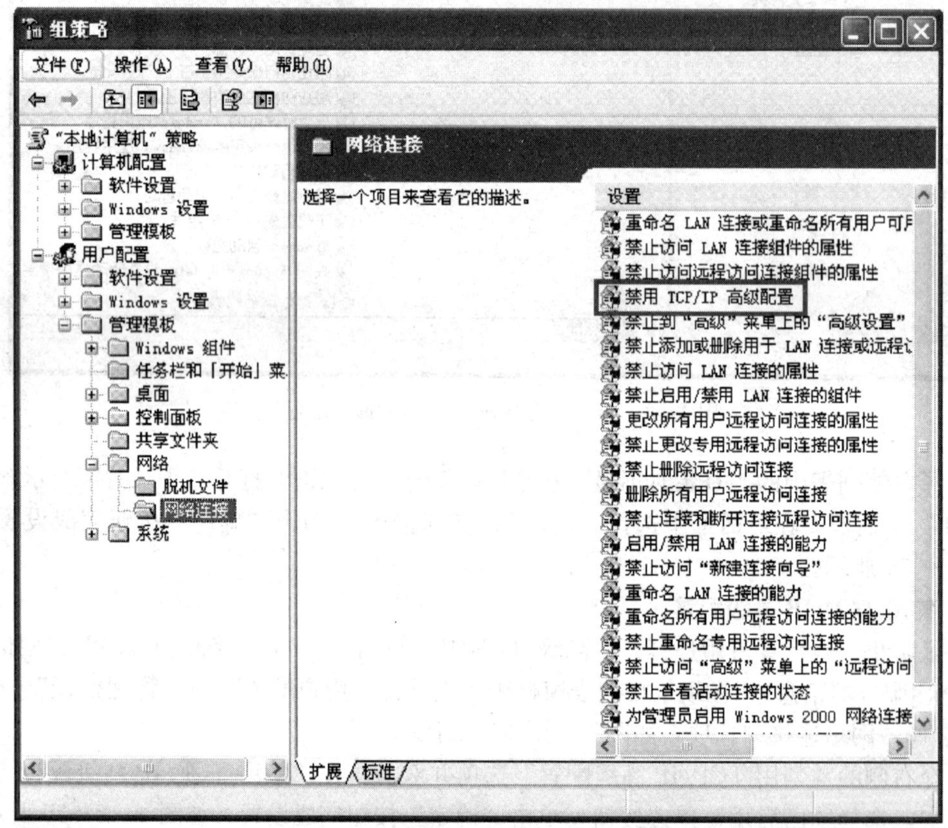

图 4—2—35 组策略→禁用 TCP/IP 高级配置

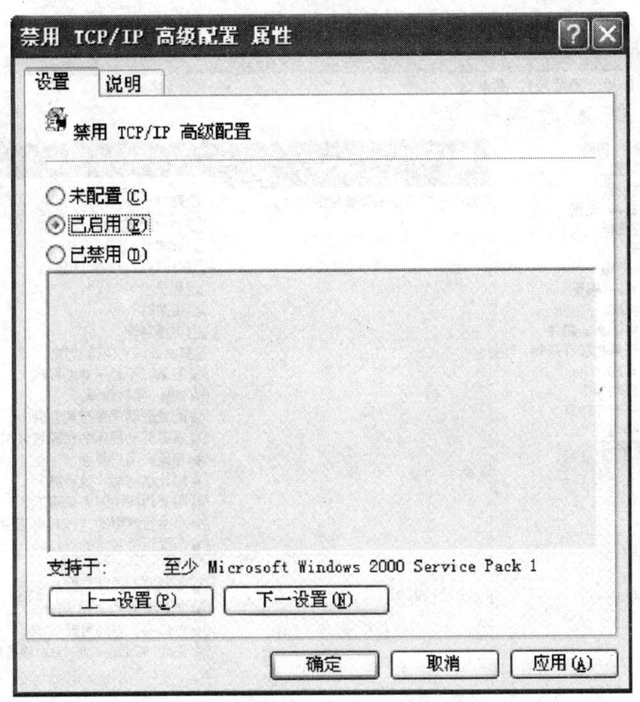

图 4—2—36 “禁用 TCP/IP 高级配置 属性”对话框

3. 关闭自动播放

可移动磁盘是病毒传播的重要途径，尤其是一些盗取密码的木马，都是利用磁盘的“自动运行”功能来进行传播的。在组策略列表窗格依次展开“用户配置”→“管理模板”，选择“系统”选项，如图 4—2—37 所示。

选择右侧的“关闭自动播放”选项并双击，在“关闭自动播放 属性”对话框中，选择“已启用”单选按钮，在“关闭自动播放”下拉列表中，选择“所有驱动器”选项，单击“确定”按钮完成设置，如图 4—2—38 所示。

4. 隐藏个人隐私

使用计算机过程中，不可避免地要遇到个人隐私问题。为保护个人隐私，需要隐藏存放私密文件的磁盘。在组策略列表窗格依次展开“用户配置”→“管理模板”→“Windows 组件”，选择“Windows 资源管理器”选项，如图 4—2—39 所示。

选择右侧的“隐藏‘我的电脑’中的这些指定的驱动器”选项并双击，在“隐藏‘我的电脑’中的这些指定的驱动器 属性”对话框中选择“已启用”单选按钮，并选择磁盘，单击“确定”按钮完成设置。此时“我的电脑”窗口中存有私密文件的磁盘被隐藏。

然后，选择右侧的“防止从‘我的电脑’访问驱动器”选项并双击，在“防止从‘我的电脑’访问驱动器 属性”对话框中，选择“已启用”单选按钮，并选择磁盘，单击“确定”按钮完成设置。此时在“我的电脑”窗口中打开存有私密文件的磁盘时会出现如图 4—2—40 所示的提示。

5. 禁止对计算机进行设置

对公用的计算机，如学校机房或网吧，为了方便管理，禁止用户对计算机进行设置。在

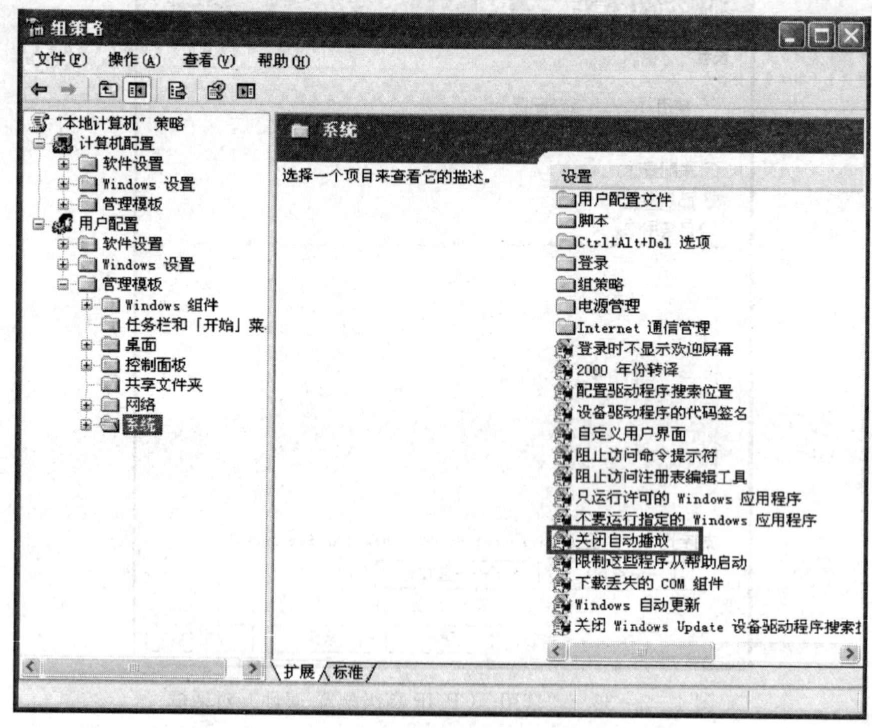

图 4—2—37 组策略→关闭自动播放

关闭自动播放 属性

设置 说明

关闭自动播放

○未配置(C)

⊙已启用(E)

○已禁用(D)

关闭自动播放: 所有驱动器

支持于: 至少 Microsoft Windows 2000

上一设置(P) 下一设置(N)

确定 取消 应用(A)

图 4—2—38 "关闭自动播放 属性"对话框

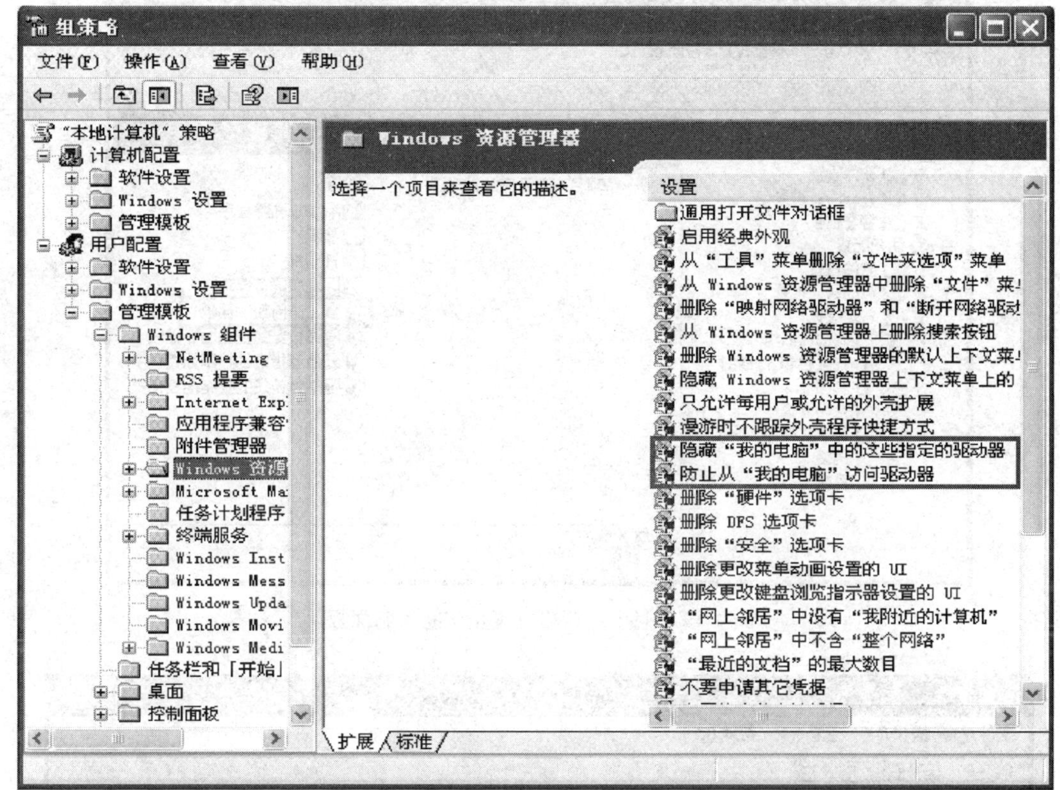

图 4—2—39　组策略→隐藏"我的电脑"中的这些指定的驱动器

图 4—2—40　限制操作

组策略列表窗格依次展开"用户配置"→"管理模板"，选择"控制面板"选项，如图 4—2—41 所示。

选择右侧的"禁止访问控制面板"选项并双击，在"禁止访问控制面板 属性"对话框中，选择"已启用"单选按钮，单击"确定"按钮完成设置。此时系统限制了对"控制面板"的访问。然后，在组策略列表窗格依次展开"用户配置"→"管理模板"，选择"系统"选项，如图 4—2—42 所示。

选择右侧的"阻止访问注册表编辑工具"选项并双击，在"阻止访问注册表编辑工具属性"对话框中，选择"已启用"单选按钮，单击"确定"按钮完成设置。此时系统限制了对"注册表编辑器"的访问，此时，只有管理员才能设置计算机，有效减轻管理员的工作强度。

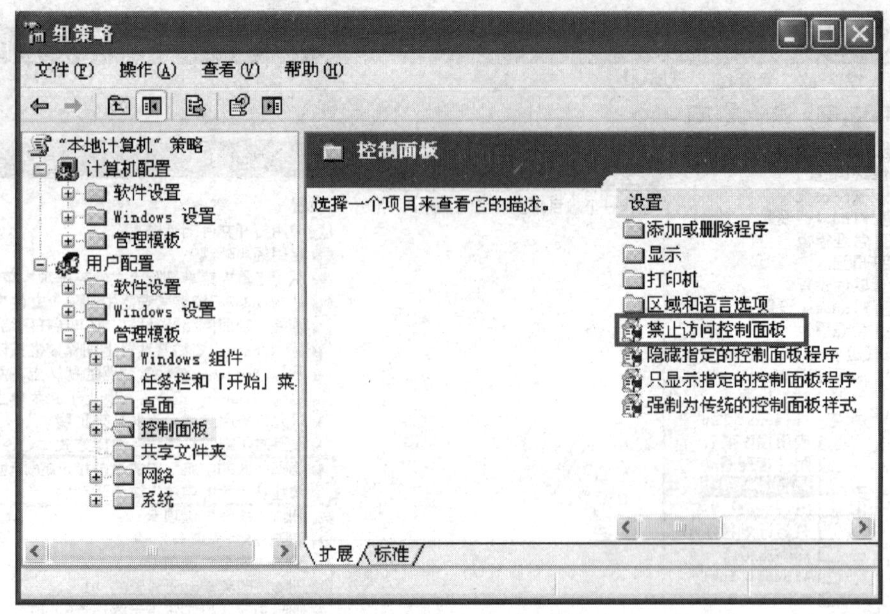

图 4—2—41 组策略→禁止访问控制面板

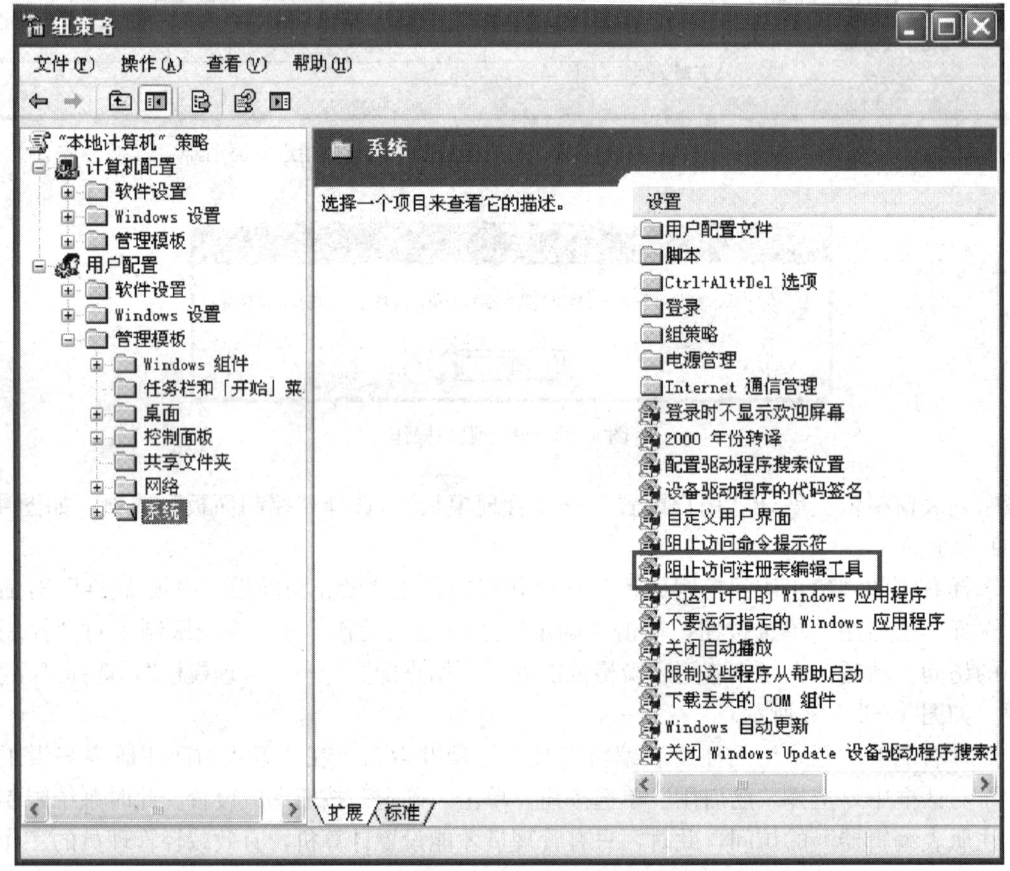

图 4—2—42 组策略→阻止访问注册表编辑工具

6. 只运行许可的应用程序

有些情况下，要求用户只能运行某些程序，而其他程序禁止运行。在组策略列表窗格依次展开“用户配置”→“管理模板”，选择“系统”选项，如图 4—2—43 所示。

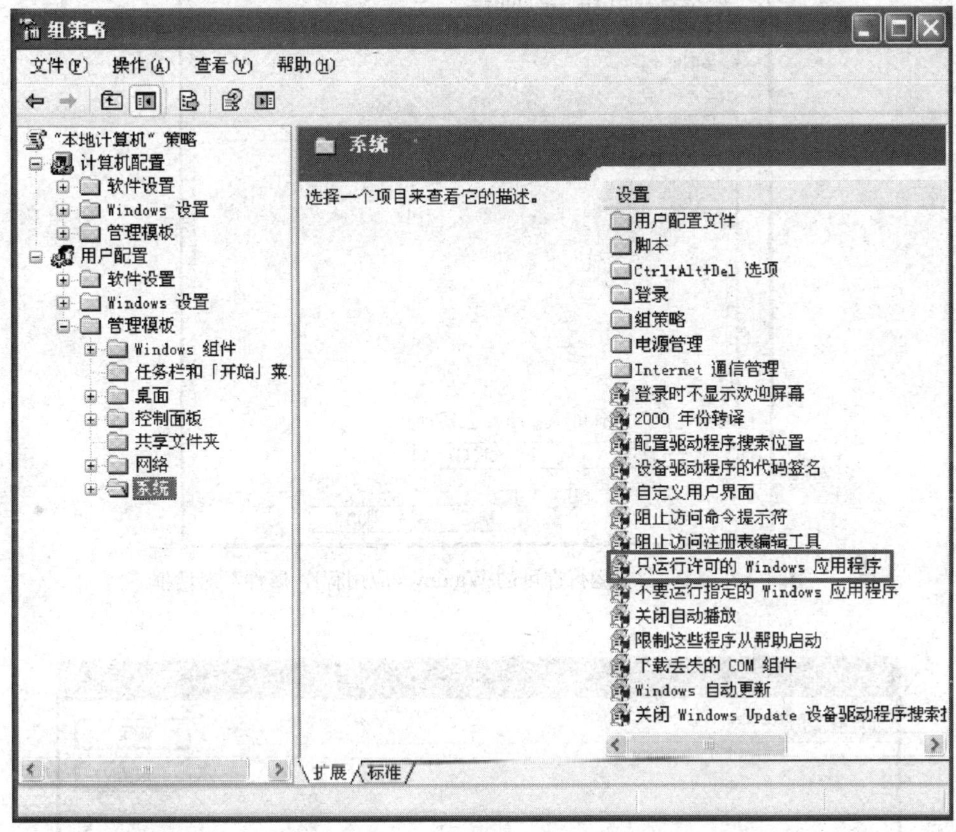

图 4—2—43　组策略→只运行许可的 Windows 应用程序

选择右侧的“只运行许可的 Windows 应用程序”选项并双击，打开“只运行许可的 Windows 应用程序 属性”对话框，如图 4—2—44 所示。

在“只运行许可的 Windows 应用程序 属性”对话框中，选择“已启用”单选按钮，单击“允许的应用程序列表”后的“显示”按钮，打开“显示内容”对话框，如图 4—2—45 所示。

单击“添加”按钮，打开“添加项目”对话框，如图 4—2—46 所示。

在文本框中输入允许的应用程序名称，如 Winword，单击“确定”按钮，完成应用程序的添加。如果要添加多个应用程序，继续在“显示内容”对话框中单击“添加”按钮去添加。这样，就能让用户只运行许可的应用程序，从而大大减少病毒程序的运行，使计算机更加安全。

7. 阻止更改“任务栏”和「开始」菜单设置

通过组策略来禁止用户更改“任务栏”和「开始」菜单，可以防止其他用户随意添加或删除“任务栏”和「开始」菜单项目。

在组策略列表窗格依次展开“用户配置”→“管理模板”，选择“任务栏和「开始」菜

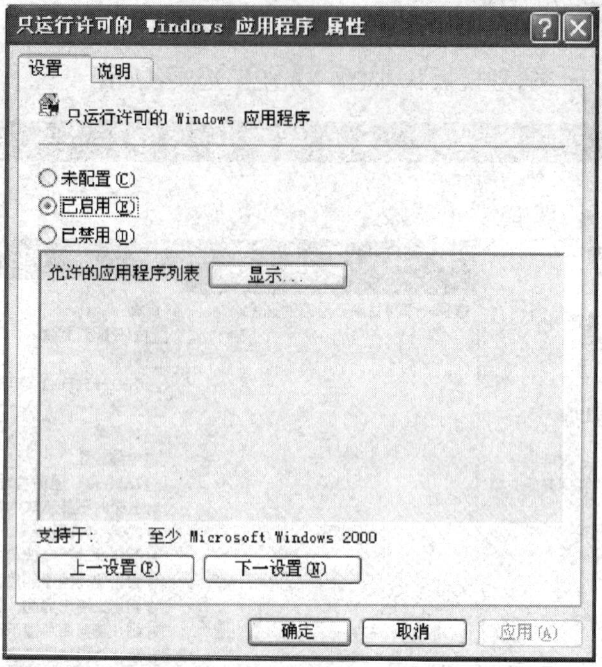

图 4—2—44　“只运行许可的 Windows 应用程序 属性”对话框

图 4—2—45　“显示内容”对话框

图 4—2—46　“添加项目”对话框

单”选项，如图 4—2—47 所示。

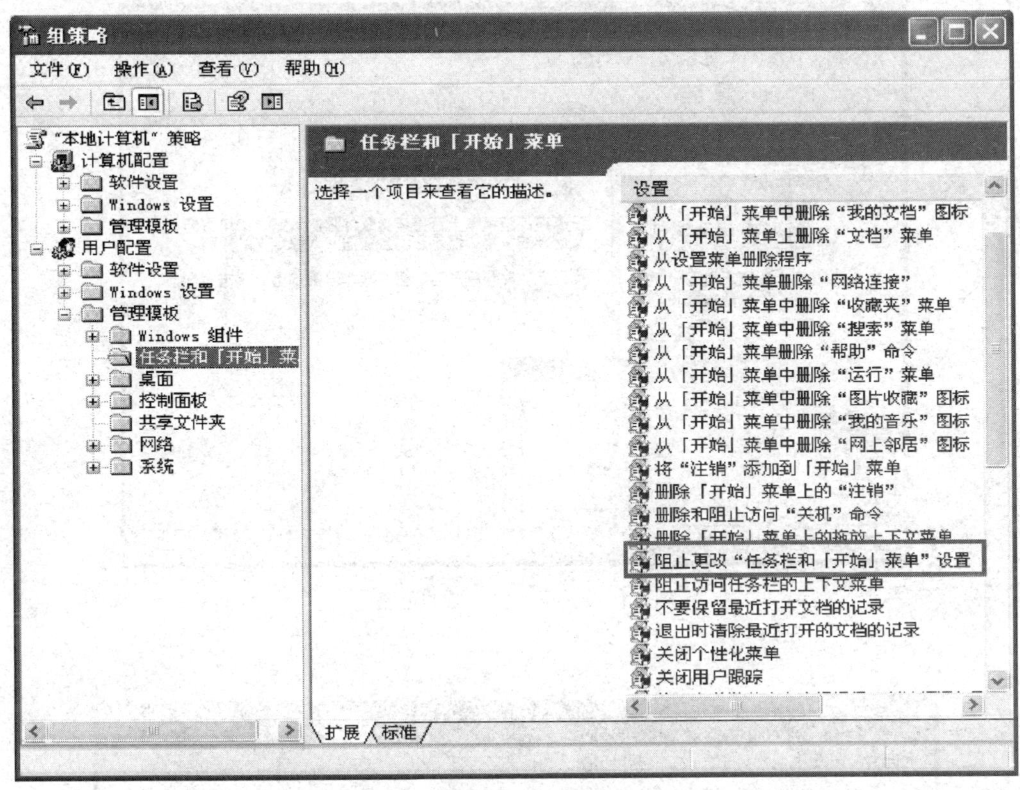

图 4—2—47　组策略→阻止更改“任务栏和「开始」菜单”设置

在“阻止更改‘任务栏和「开始」菜单’设置 属性”对话框中，选择“已启用”单选按钮，单击“确定”按钮完成设置。

8. 用组策略限制垃圾软件的安装和运行

在组策略列表窗格依次展开“计算机配置”→“Windows 设置”→“安全设置”，选择“软件限制策略”选项并单击鼠标右键，在快捷菜单中选择“创建新的策略”选项，如图 4—2—48 所示。

选择“其他规则”选项，在右侧空白处单击鼠标右键，在快捷菜单中选择“新散列规则”选项，如图 4—2—49 所示。

单击“新散列规则”选项命令，打开“新散列规则”对话框，如图 4—2—50 所示。

在“文件散列”处单击“浏览”按钮，从打开的对话框中选择需要限制的软件并打开，单击“确定”按钮完成设置。

9. 禁用注册表管理器

为了防止他人进入计算机后对注册表文件进行修改，可以在组策略中对注册表编辑器进行禁止访问设置。在组策略列表窗格依次展开“用户配置”→“管理模板”，选择“系统”选项。选择右侧的“阻止访问注册表编辑工具”选项并双击，在“阻止访问注册表编辑工具属性”对话框中，选择“已启用”单选按钮，单击“确定”按钮完成设置即可。

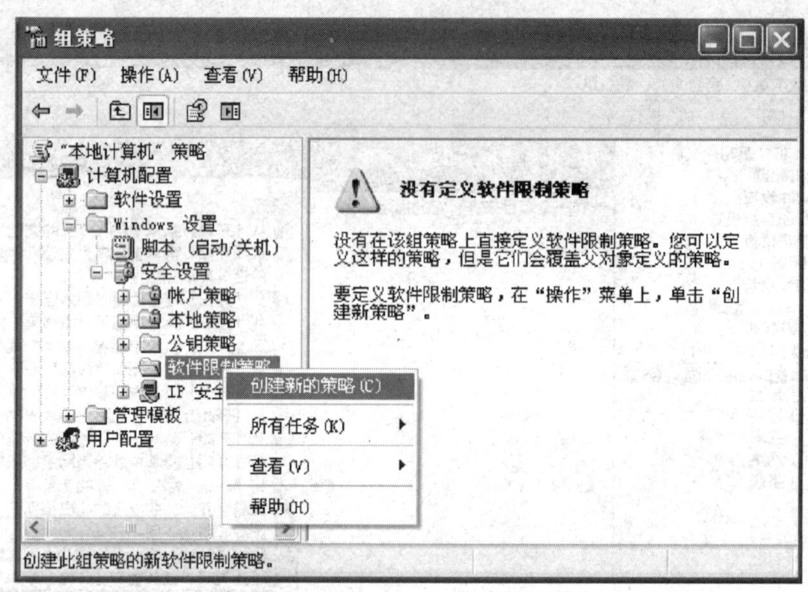

图 4—2—48 创建新的策略

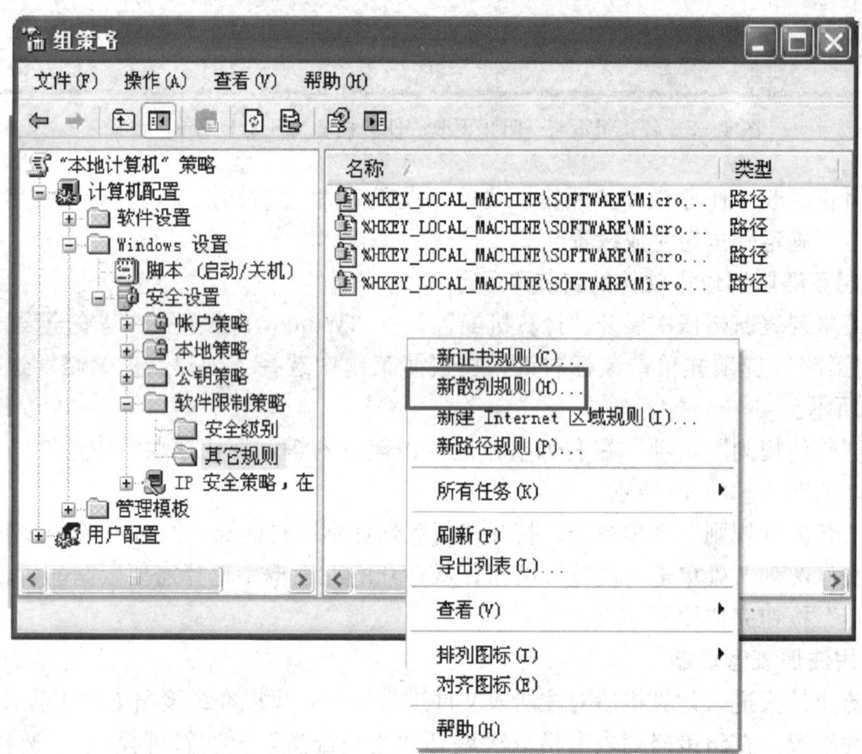

图 4—2—49 新散列规则

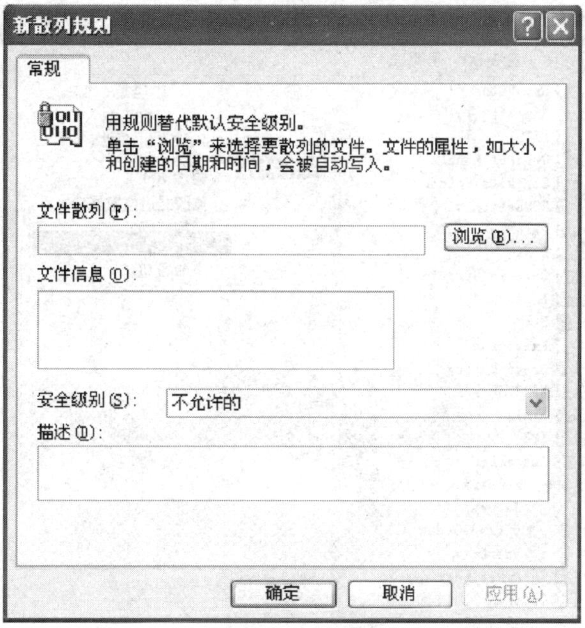

图 4—2—50 “新散列规则”对话框

检修案例

【案例 1】

故障现象：　台计算机由 XP 升级到 Win 7 后，经常提示 C 盘空间不足，运行变得很慢。

故障分析：因计算机经常进行清理和优化，排除了系统缺少日常优化导致大量垃圾文件遗留在 C 盘。查看 C 分区为 20 GB，可用空间为 800 MB，应用软件也没在 C 盘安装，但不能排除软件下载到 C 盘，或者程序安装、调用、病毒查杀、病毒库或系统升级产生的临时备份文件默认放在 C 盘。如果不及时清除，C 盘空间会越来越小。

故障处理：修改 QQ、优酷、迅雷、电驴、暴风影音等工具软件的默认文件的保存路径，手动删除临时备份文件以及已经下载到 C 盘的文件，故障仍然不能排除。因这台计算机是由 XP 升级到 Win 7 系统的，C 盘分区不够大。建议把分区调大。

【案例 2】

故障现象：有时在安装程序时出现“错误，1500，正在运行另一个程序安装”错误提示信息。

故障分析：实际没有进行其他程序安装，Windows 安装程序使用注册表来跟踪是否有安装程序正在进行或者已经安装成功。

故障处理：打开注册表编辑器，找到“

HKEY _ LOCAL _ MACHINE \ SOFTWARE \ Microsoft \ Windows \ CurrentVersion \ Installer”子健，将该项中的“InProgress”键值删除即可，如图 4—2—51 所示。

【案例 3】

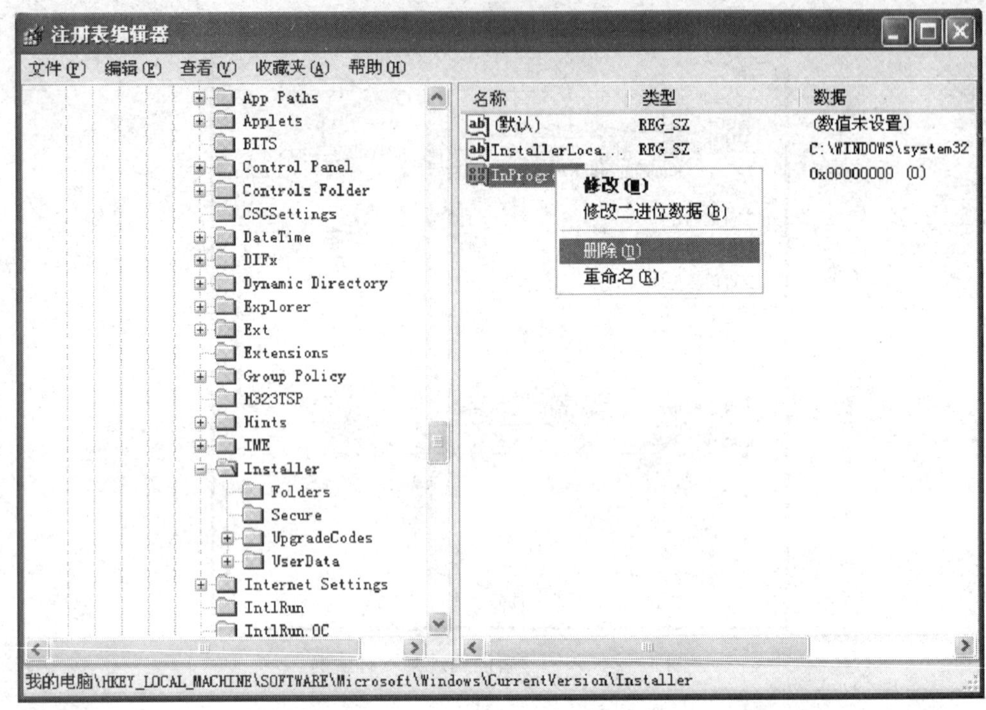

图 4—2—51 删除“InProgress”键值

故障现象：只要打开浏览器就新建下载任务，取消下载任务后浏览器就自动关闭。

故障分析：计算机可能感染病毒或者浏览器被恶意攻击。

故障处理：使用金山杀毒、360 清理插件木马，故障依然存在。查询后得知，可能是系统的应用层网关服务（Application Layer Gateway Service）感染了病毒，导致系统用户打不开网页，需要手动关闭应用层网关服务。

打开组策略编辑器，在组策略列表窗格依次展开“计算机配置”→“管理模板”→“Windows 组件”→“Internet Explore”→“安全功能”，选择“限制文件下载”选项，选择右侧的“所有进程”并双击，在“所有进程 属性”对话框中选择“已启用”单选按钮，单击“确定”按钮。

执行“控制面板”→“性能和维护”→“管理工具”→“服务”命令，打开“服务”窗口，在右侧找到“Application Layer Gateway Service”服务项并单击鼠标右键，在快捷菜单中选择“停止”命令，将该服务项的启动类型修改为“停止”，如图 4—2—52 所示。

重新启动计算机，故障排除。

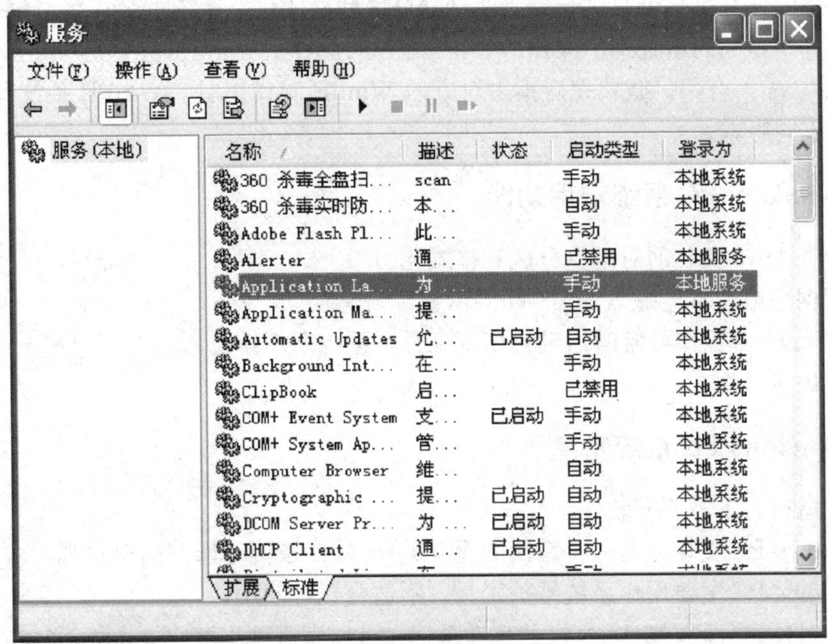

图 4—2—52 停止“Application Layer Gateway Service”服务项

任务 3 使用 Windows PE 系统维护计算机

学习目标

1. 了解 Windows PE 系统。
2. 掌握 U 盘 Windows PE 系统的进入。
3. 能熟练使用 Windows PE 系统维护计算机。

任务描述

“使用 Windows PE 系统维护计算机”是指计算机使用过程中，由于计算机病毒或错误地删除某些文件而导致系统崩溃，使用 Windows PE 系统对计算机进行修复和维护。本任务通过使用硬盘 Windows PE、U 盘 Windows PE 系统对计算机系统进行修复和还原。

相关知识

一、Windows PE 系统

Windows PE 是微软 Windows 预安装系统的英文简称，是一个设计用于 Windows 安装准备的计算机最小操作系统，是可以在计算机出现系统故障时所使用的应急系统。它用于启动无操作系统的计算机，可以进行硬盘驱动器分区和格式化、系统重装、登录密码清除、系统引导修复等一系列的系统维护操作。

在 Windows 平台中，微软先后推出对应的 WinPE 制作工具。WinPE 系统有 U 盘、光盘、硬盘等不同版本。

二、Windows PE 系统常用功能

1. 在 Windows 安装前对磁盘分区和格式化。
2. 使用网络或者本地磁盘安装 Windows。
3. 当 Windows 工作异常时启动自恢复工具，进行系统修复。
4. 恢复硬盘数据。

三、Windows PE 系统特点

1. 直接运行，不需要安装。
2. Windows PE 实际上是一个精简的 Windows 操作系统，操作简单直观。
3. Windows PE 主要用作系统维护工具，不适合日常使用。
4. 可以对硬盘分区，支持 NTFS 文件系统，可以直观地安装 Windows 系统。

检修方法

一、使用硬盘 Windows PE 系统进行系统修复和还原

1. 启动硬盘 Windows PE 系统

这里以“u 启动 Windows 2003 PE 工具箱”为例进行介绍。

硬盘安装“u 启动 Windows 2003 PE 工具箱”后，重新启动计算机，开机第一画面如图 4—3—1 所示。

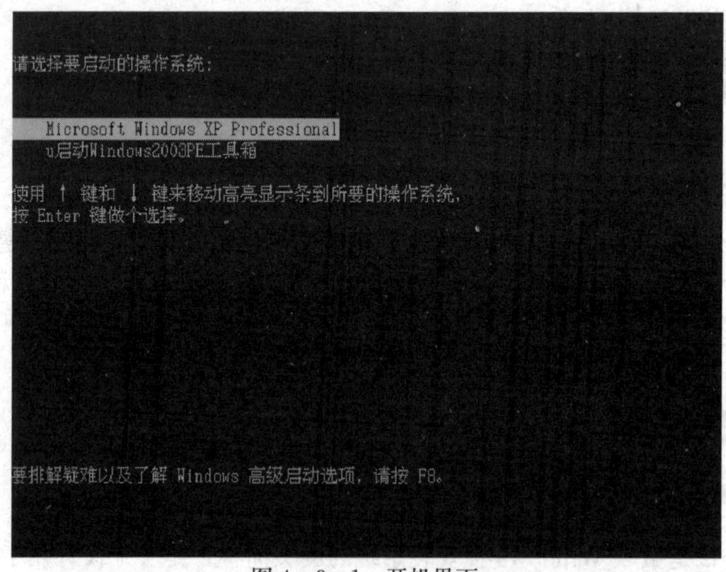

图 4—3—1　开机界面

按键盘上的下方向键，选择“u 启动 Windows 2003 PE 工具箱”。
按回车【Enter】键进入“u 启动 Windows 2003 PE 工具箱”，如图 4—3—2 所示。

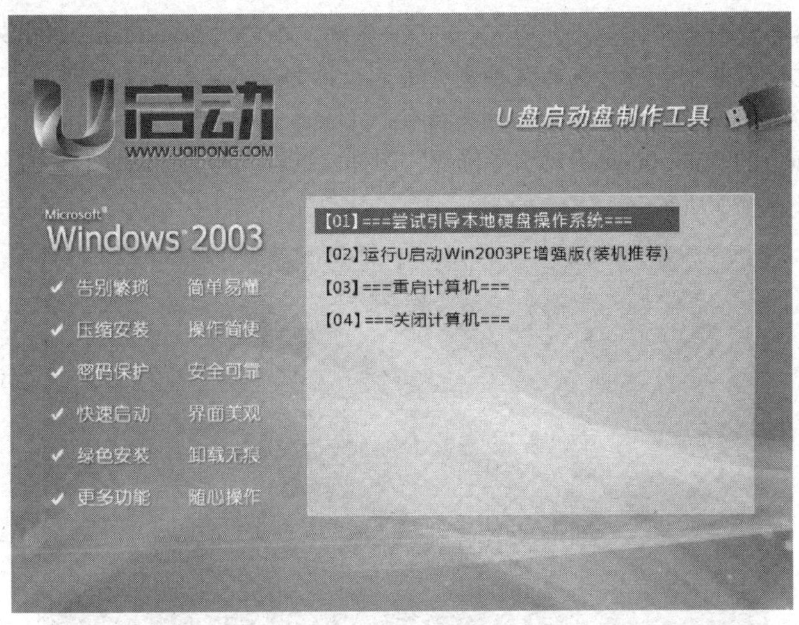

图 4—3—2　u 启动 Windows 2003 PE 工具箱

按上下键选择“运行 U 启动 Win2003PE 增强版”选项。
按回车键启动并进入硬盘的 U 启动 Win2003PE 系统的桌面，如图 4—3—3 所示。

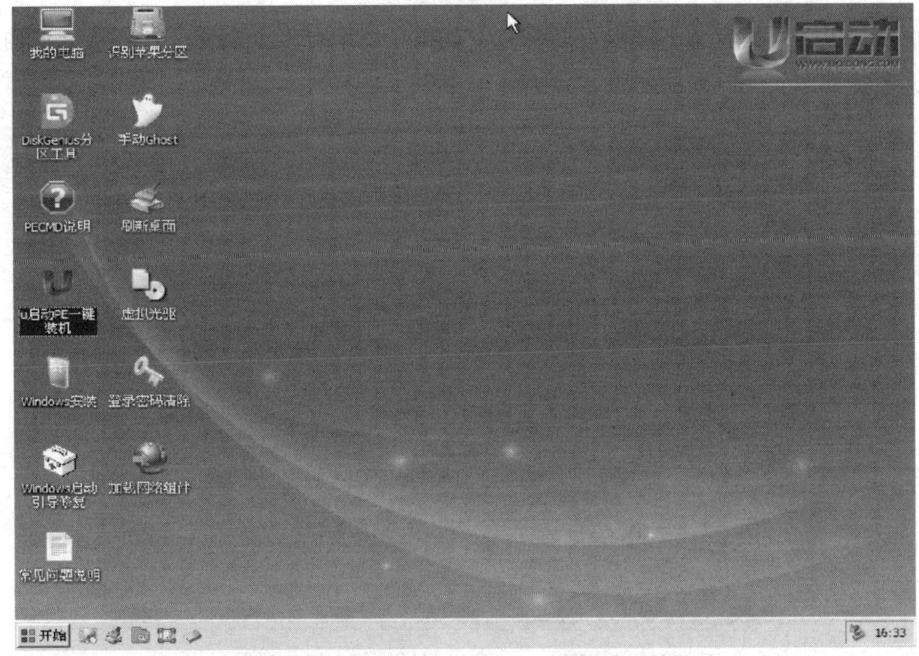

图 4—3—3　硬盘的 u 启动 Windows PE 桌面

2. 在 Windows PE 系统中进行系统启动修复

小提示

注意：备份桌面文件时，对于 Windows XP 系统，在 C：\ Documents and Settings 文件夹下找到自己的用户账号所对应的文件夹并进入，把 Desktop 文件夹中有用的文件拷贝出来。而对于 Windows 7 系统，桌面文件夹在 C：\ Users \ 用户名 \ Desktop 中。

双击桌面上的“Windows 启动引导修复”图标，进入 Windows 启动引导修复功能选项界面，如图 4—3—4 所示。

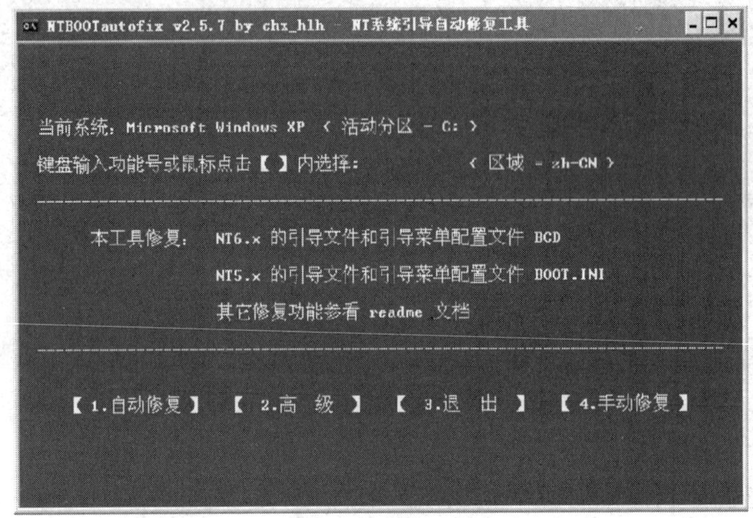

图 4—3—4 Windows 启动引导修复功能选项

从键盘输入 1 进入系统分区的自动修复，如果系统中有多个主分区，则从键盘输入 2 进入高级选项，如图 4—3—5 所示。

NTBOOTautofix v2.5.7 by chx_hlh - NT系统引导自动修复工具

键盘输入功能号或鼠标点击【 】内选择：

【 1. 自 选 引 导 分 区 盘 符 】

【 2. 写主引导程序 / 引导程序 】

【 3. 修复系统盘符 (OSLetter) 】

【 4. 查看/管理 BCD 引导配置 】

【 5. 更 改 BCD 默 认 区 域 】

【 0. 返 回 】

图 4—3—5 Windows 启动引导修复高级选项界面

从键盘输入 1，进入“自选引导分区盘符”界面，如图 4—3—6 所示。

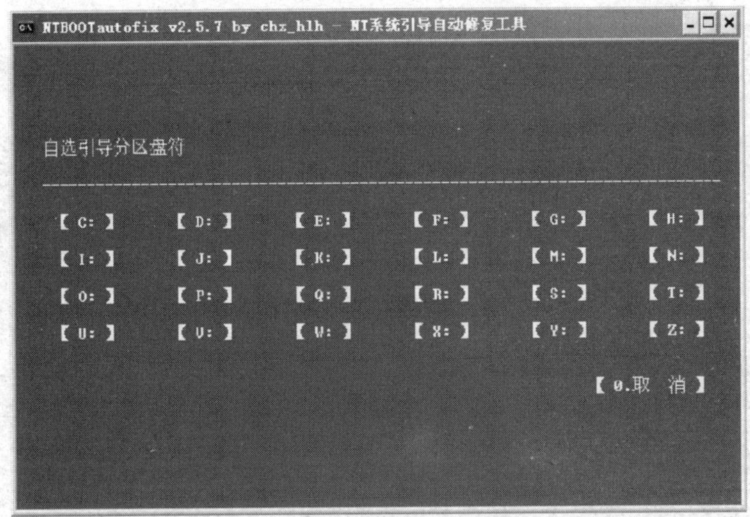

图 4—3—6　自选引导分区盘符

按相应字符选项进入相应系统引导分区的修复界面。选择 C 分区，如图 4—3—7 所示。

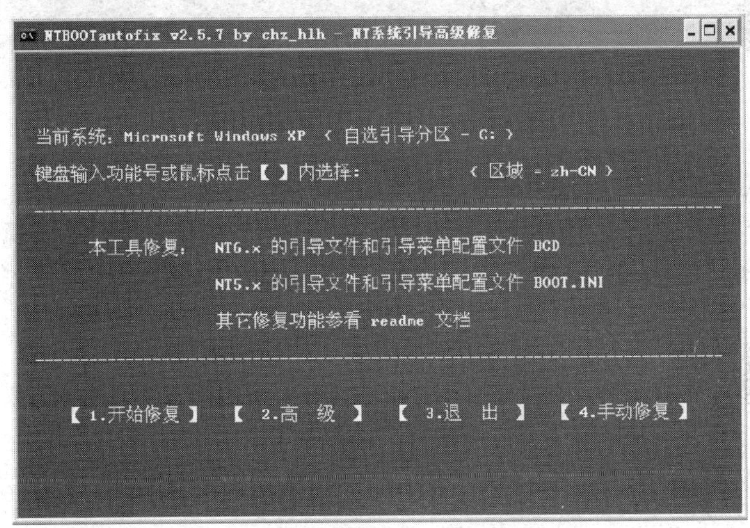

图 4—3—7　自选引导分区 C

选择“自动修复”选项，开始系统引导分区数据的修复，这个过程需要等待一段时间。

小提示

硬盘引导区或者系统引导文件出错，一般用 WinPE 的启动引导恢复功能修复，如果提示“修复失败”，则需要用硬盘修复工具或重装系统。

3. 在 Windows PE 系统中对崩溃的计算机进行系统还原

如果崩溃的计算机中提前做了系统镜像，可使用 WinPE 系统中的 Ghost 工具进行系统还原。双击 WinPE 系统桌面上的“手动 Ghost”图标，就会跳转到 Ghost 程序运行界面，如图 4—3—8 所示。

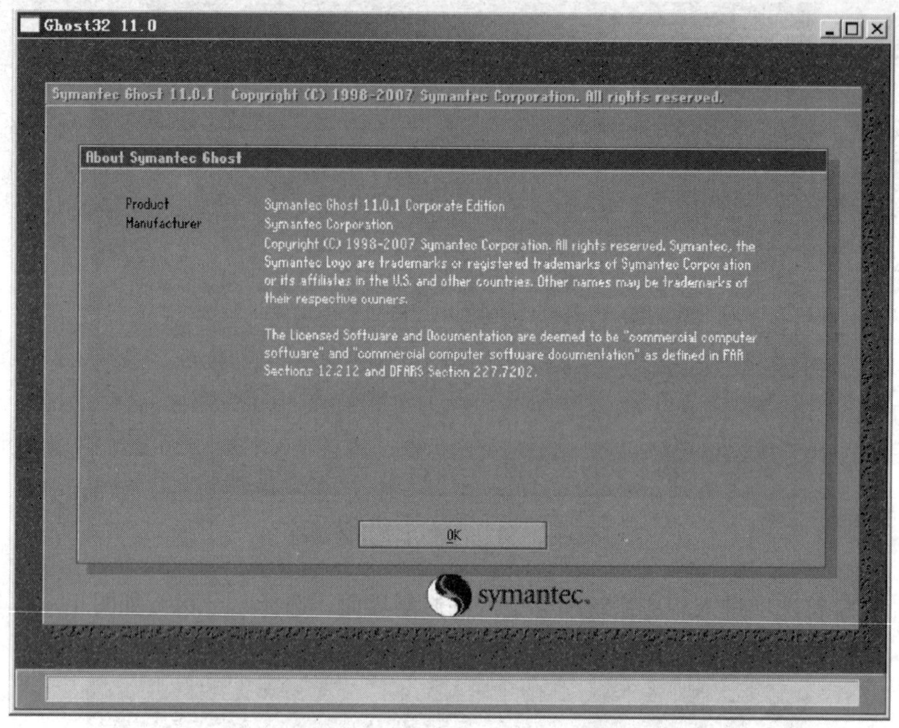

图 4—3—8 Ghost 程序运行界面

单击“OK”按钮或直接按回车键，进入 Ghost 菜单选项。

依次选择“Local”→“Partition”→“From Image”选项，进行系统镜像的恢复，如图 4—3—9 所示。

小提示

在图 4—3—9 中依次选择的选项，一定不能选错，否则硬盘数据可能永久丢失。

按回车键确认，选择镜像文件所在的分区，如图 4—3—10 所示。

选定镜像文件后，按回车键确认，显示选中的镜像文件备份时的备份信息，如图 4—3—11 所示。

确认无误后，单击“OK”按钮或直接按回车键，进入恢复目标分区的选择界面，如图 4—3—12 所示。

确认无误后，单击“OK”按钮或直接按回车键，弹出镜像恢复提示框，如图 4—3—13 所示。

单击“Yes”按钮或直接按回车键，开始镜像恢复。

进度条走到 100%，镜像即恢复完成，如图 4—3—14 所示。

单击“Reset Computer”按钮，系统自动重新启动。

绝大多数的系统故障都可以通过系统启动修复和系统还原的方法来解决。但是，如果由于病毒原因造成的系统用户配置文件被破坏，上述方法也无能为力。

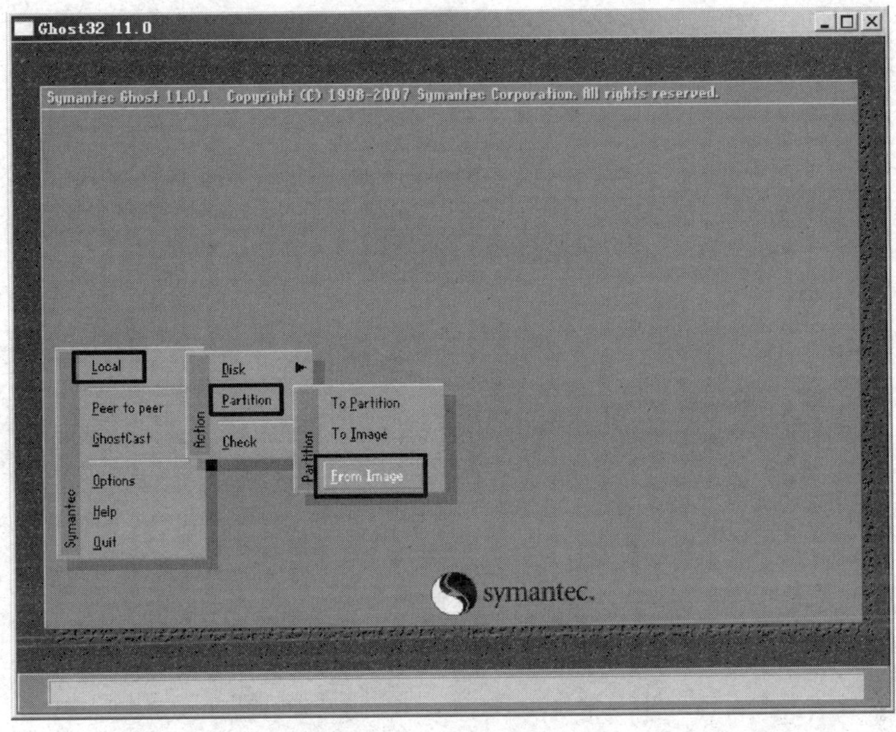

图 4—3—9 选择恢复镜像

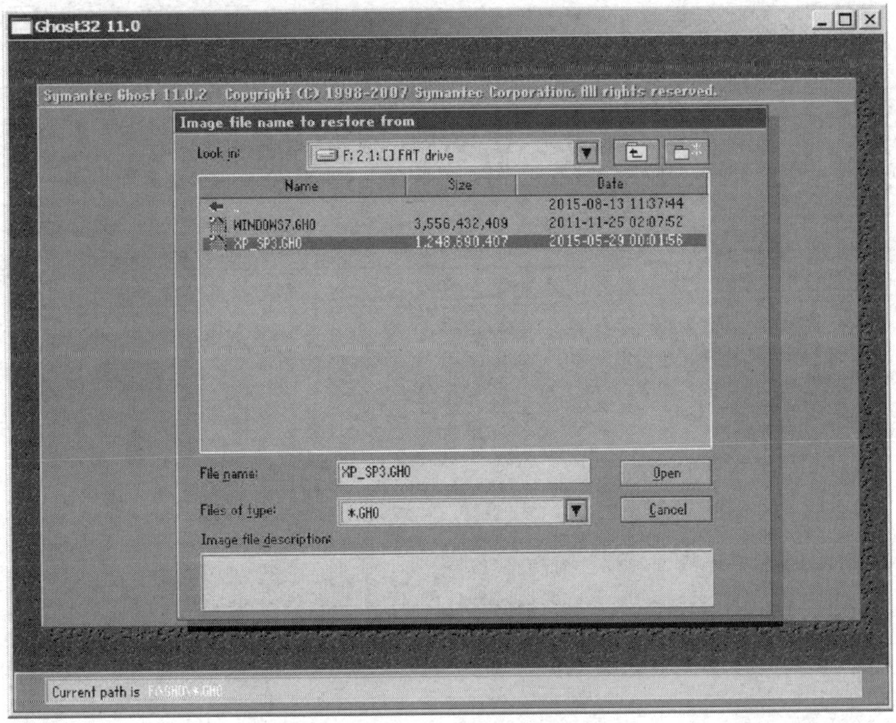

图 4—3—10 选择镜像文件

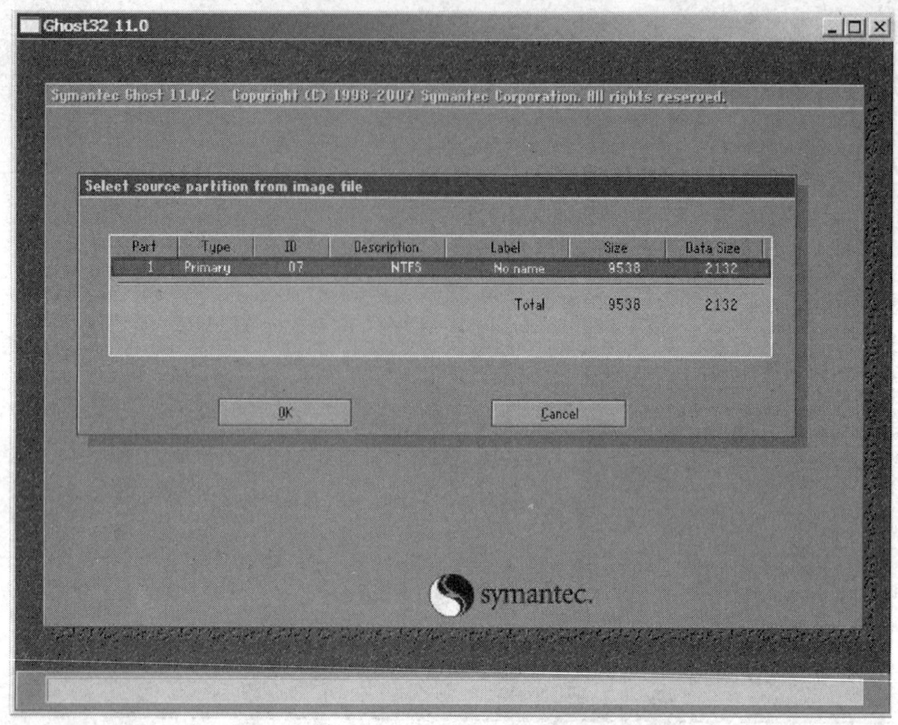

图 4—3—11 选中的镜像文件的备份信息

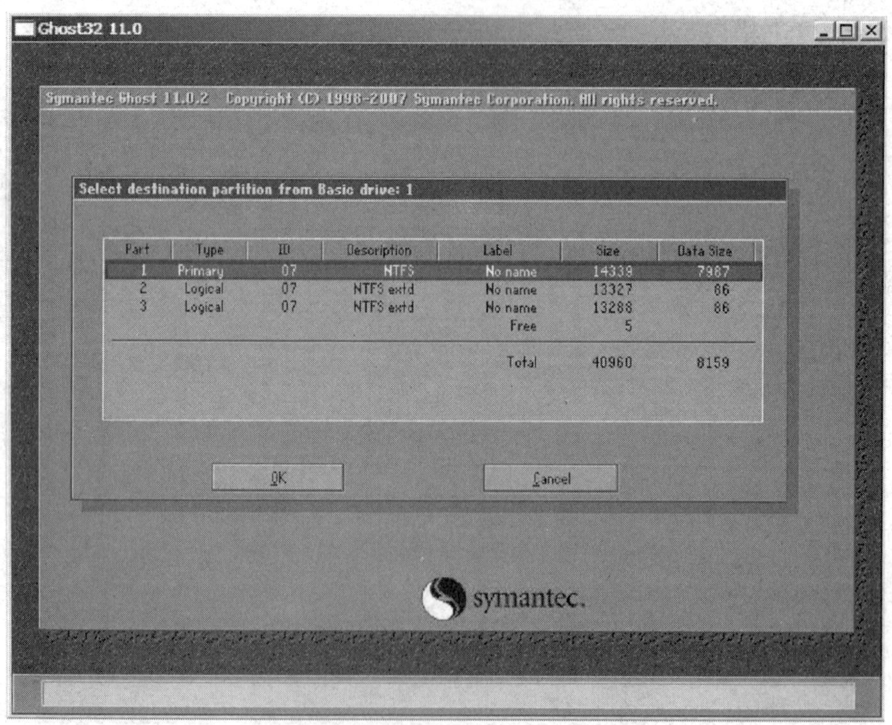

图 4—3—12 选择恢复目标分区

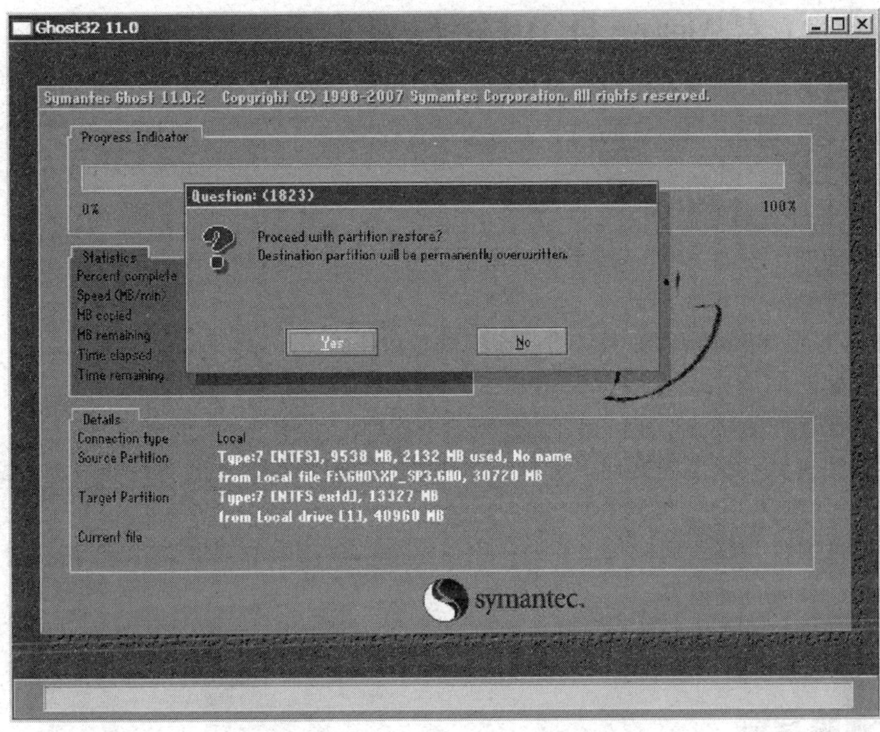

图 4—3—13 镜像恢复提示框

图 4—3—14 镜像恢复完成

二、使用U盘Windows PE系统进行一键还原

如果无法开机启动或开机运行出故障，而计算机硬盘中又没有安装WinPE工具箱时，只能采用U盘启动盘中Windows PE系统来进行处理。

1. 准备工作

（1）准备U盘启动盘。

（2）将前期备份的Windows系统镜像文件拷贝到U盘启动盘中。

（3）设置系统为U盘启动。

2. 使用U盘Windows PE系统进行系统修复和还原

将制作好的U盘启动盘插入USB接口，进入U盘启动WinPE系统。

运行镜像还原的相关功能，在弹出的窗口中找到U盘中的系统镜像文件。

如果无法找到系统镜像文件，可单击“高级”按钮，在打开的对话框中进入文件夹查找。

选中镜像文件并确认后，弹出系统还原信息提示框，单击“是（Y）”按钮再次确认，即可开始进行系统自动恢复。

系统自动恢复完成后，重启计算机即可。

【案例】

故障现象：网站服务器（Windows 2003系统）因突然停电向非正常关机，再开机后出现“Windows \ System32 \ Config \ System中文件丢失或损坏”提示信息，系统无法正常启动。

故障分析：因断电导致系统文件损坏。

故障处理：将Win2003的安装镜像ISO文件拷贝至U盘，调整BIOS为U盘启动。启动到U盘WinPE环境下，通过虚拟光驱加载ISO文件，但是修复安装没有成功，提示信息为“找不到系统分区”。将“C:\Windows\repair”中的所有文件拷贝到“C:\Windows\system32\config”目录下，拔出U盘再次重启成功。另外，IIS也需要重新安装，可通过虚拟光驱加载ISO文件，在“添加Windows组件”对话框中完成IIS安装。至此，服务器可以正常工作。